西门子工业自动化系列教材

西门子数字孪生技术
Tecnomatix Process Simulate 应用基础

主　编　宋海鹰　岑　健

副主编　林连聪　王帮华

参　编　徐辰华　侯至丞　曾庆猛　叶锐锋
何　伟　邓仕钧　阳胜峰　吴文廷

机械工业出版社

本书介绍了西门子工业软件 Tecnomatix Process Simulate 的重要知识点和操作技能，分为基础入门篇和应用提高篇。基础入门篇包含 10 章，主要介绍该软件的基础知识，包括软件介绍、软件安装、软件界面、模型编辑、仿真操作、机器人功能模块、焊接操作功能模块、路径编辑器、序列编辑器和碰撞检查。应用提高篇包含 4 章，主要讲述 4 个典型的仿真案例，分别是物体运动与机器人拾放操作、简单焊接、磨砂和抛光。为便于教学及自学，在部分章节中配以操作详解视频，读者扫描二维码即可直观明了地观看学习。

本书内容由浅入深、循序渐进、图文并茂、实操性强，可作为高等院校自动化、机械制造及其自动化、机电一体化、机器人、智能制造等专业的相关课程教材或教学参考书，也可作为从事相关工作的工程技术人员的培训或自学用书。

本书配有授课电子课件，需要的教师可登录 www.cmpedu.com 免费注册，审核通过后下载，或联系编辑索取（微信：15910938545，电话：010-88379739）。

图书在版编目（CIP）数据

西门子数字孪生技术：Tecnomatix Process Simulate 应用基础 / 宋海鹰，岑健主编 . —北京：机械工业出版社，2022.7（2025.1 重印）
西门子工业自动化系列教材
ISBN 978-7-111-70609-0

Ⅰ . ①西… Ⅱ . ①宋…②岑… Ⅲ . ①生产自动化-应用软件-教材 Ⅳ . ① TP278

中国版本图书馆 CIP 数据核字（2022）第 070221 号

机械工业出版社（北京市百万庄大街 22 号 邮政编码 100037）
策划编辑：汤 枫 责任编辑：汤 枫
责任校对：张艳霞 责任印制：张 博
北京雁林吉兆印刷有限公司印刷

2025 年 1 月第 1 版·第 4 次印刷
184mm×260mm·17.5 印张·432 千字
标准书号：ISBN 978-7-111-70609-0
定价：69.00 元

电话服务　　　　　　　　　　网络服务
客服电话：010-88361066　　　机 工 官 网：www.cmpbook.com
　　　　　010-88379833　　　机 工 官 博：weibo.com/cmp1952
　　　　　010-68326294　　　金 书 网：www.golden-book.com
封底无防伪标均为盗版　　　机工教育服务网：www.cmpedu.com

前　言

进入 21 世纪以来，随着计算机、工业机器人、传感器、物联网、大数据和云计算等技术的高速发展，制造业也在发生着翻天覆地的变化，正逐步从传统的大批量单批次的规模化生产模式，向小批量多批次的定制化生产模式转变。在这场制造业的大变革中，数字孪生技术将起到非常重要的作用。

数字孪生技术是实际产品或流程的虚拟表示，用于理解和预测对应物的性能特点。数字孪生技术不需要搭建实体原型即可展示设计变更、使用场景、环境条件和其他无限变量所带来的影响，缩短开发时间，提高成品或流程的质量。

西门子工业软件 Tecnomatix Process Simulate 是数字孪生技术中的领先解决方案，由零部件制造、装配规划、资源管理、工厂设计与优化、人力绩效、产品质量规划与分析以及生产管理等核心软件构成。Tecnomatix 软件可以对生产制造系统进行建模、仿真以及优化，其主要作用就是分析和优化生产制造系统的布局、物流和供应链，提高资源利用率、产能和效率等。

通过数字孪生技术，工艺人员可以在虚拟的环境中构建一个三维可视化的工厂，用户可以在虚拟的环境中对制造过程进行仿真模拟以及技术优化，结合工艺规划、设计和仿真功能，可以模拟物料在车间的流转路线，帮助工艺人员优化工厂布局和工艺路线，在产品工程、制造工程、生产与运营之间实现同步，可以以最少的成本提升生产效率，使得工厂的生产线效率更高。

本书由广东技术师范大学与大唐融合通信股份有限公司共同组织编写。各章编写分工如下：第 1、2 章由广东技术师范大学岑健编写，第 3 章由广东技术师范大学徐辰华编写，第 4 章由广东技术师范大学何伟编写，第 5 章由广东技术师范大学邓仕钧编写，第 6 章由广东技术师范大学侯至丞编写，第 7 章由广东技术师范大学曾庆猛编写，第 8、9 章由广东技术师范大学宋海鹰编写，第 10 章由深圳职业技术学院阳胜峰、大唐融合通信股份有限公司林连聪编写，第 11 章由黎明职业大学吴文廷、大唐融合通信股份有限公司王帮华编写，第 12～14 章由广东技术师范大学宋海鹰和叶锐锋编写。全书由宋海鹰统稿。

本书主要面向 Tecnomatix 软件的初学者。希望本书能够帮助读者掌握 Tecnomatix Process Simulate 的基本使用技能，助力相关高校培育更多智能制造的研发、设计人才。由于编者水平有限，书中难免有所疏漏，欢迎广大读者指正。

编　者

目　　录

应用提高篇

基础入门篇

Tecnomatix 是一套全面的、集成式的数字化制造解决方案平台，能够帮助客户实现其创新性的构思，并在仿真平台中对实际生产进行数字化改造。借助 Tecnomatix 软件，能够将生产制造、生产管理和服务运营联系起来，实现多部门的协同作业，最大限度地提高生产线的总体生产效率，并实现一定程度的技术创新。

Process Simulate 是 Tecnomatix 的组成软件，是一个集成在三维环境中验证制造工艺的仿真平台。在这个仿真上，工艺规划人员和仿真工程师可以采用该软件进行独立或组群的方式协同工作，利用 Process Simulate 平台的仿真功能来模拟和预测产品的整个生产制造过程，并把这一过程用三维方式展示出来，从而验证设计和制造方案的可行性。本书主要是对 Tecnomatix 中的 Process Simulate 的各个功能进行描述。

基础入门篇首先对 Process Simulate 仿真平台进行介绍，再说明软件的安装，最后介绍 Process Simulate 仿真平台中的功能模块，内容层层深入，有利于读者逐步了解 Process Simulate 平台的内容体系。

第1章　Process Simulate 软件介绍

【本章目标】

本章主要介绍 Process Simulate 软件的用途、功能、特点及其在工艺生产中的应用，让初学者对将要学习的软件有一个初步的了解。

1.1　西门子数字孪生技术简介

"数字孪生"是一种拟人化的说法，可以认为是数字双胞胎。"数字双胞胎"是指现实世界以及利用数字化技术营造的与现实世界对称的数字化镜像。

如果以家用计算机为例，Word 文档和打印出来的文稿就是一对数字双胞胎。以导航软件为例，城市中的实体道路和软件中的虚拟道路也是一对"数字双胞胎"；人们在导航软件中模拟交通场景，做出最佳出行决策，就是"数字孪生"技术在日常生活中的一种应用。

在企业运营中会出现三对"数字双胞胎"，分别在以下三个领域中：

在产品研发领域，可以虚拟数字化产品模型，对其进行仿真测试和验证，以更低的成本做出更好的样机。

在生产管理领域，可将数字化模型构建在生产管理体系中，在运营和生产管理的平台上对生产进行调度、调整和优化。

在设备管理领域，可以通过模型来模拟设备的运动和工作状态，实现机械和电气的联动。

传统企业在研发过程中往往会花费巨资试验各个不同的实体样品性能，试验样品经常会遭到损坏。生产的过程复杂纷乱，资源浪费和不平衡时常发生。产品维护过程中，由于可获得的数据有限，维护成本较高。

"数字孪生"技术将现实世界中复杂的产品研发、生产制造和运营维护，转换成在虚拟世界相对低成本的数字化信息，进行协同及模型优化，并给予现实世界多种方案和选择。通过双胞胎的虚实连接，数据的不断迭代，模型的不断优化，进而获得最优的解决方案。

1.2　Tecnomatix 简介

Tecnomatix 是一套全面的数字化制造解决方案平台，能够帮助用户对制造过程进行数字化改造。借助 Tecnomatix 软件，能够在产品工程、制造工程、生产与服务运营之间实现同步，从而最大限度地提高总体生产效率，并实现创新。

自 1986 年开始，以色列 Tecnomatix 公司的 ROBCAD（eM-Workplace）已在工业生产中得到了广泛的应用，美国福特、德国大众、意大利菲亚特等多家汽车公司都使用 ROBCAD 进行生产线的布局设计、工厂仿真和离线编程。2004 年，Tecnomatix 公司被美国 UGS 公司并购，2007 年，西门子公司又将 UGS 公司收入旗下，ROBCAD 也就此成为西门子完整的产品生命周期管理软件——Siemens PLM Software 中的一个重要组成部分。

1.3 Process Simulate 简介

当今社会，产品的制造流程变得非常复杂，给制造商带来了产品上市速度和资产优化等方面的多重挑战。制造工程团队既需要推出无缺陷的产品，又需要达成成本、质量和投产时间等目标。为了应对这些挑战，居行业领先地位的制造商需要利用企业知识和产品的三维模型及相关资源，以虚拟方式对制造流程进行事先验证。Tecnomatix Process Simulate 为这些问题提供了解决方案，Process Simulate 是 Tecnomatix 系统套件之一，它可提供与制造中枢完全集成的三维动态环境，用于设计和验证制造流程。制造工程师能在其中创建、重用和验证制造流程的序列来仿真真实的制造过程，并帮助优化生产周期和节拍。Process Simulate 能扩展到各种机器人参与的制造流程中，能进行生产系统的仿真和调试。Process Simulate 允许制造企业以虚拟方式对制造概念进行事先验证，是推动产品快速上市的一个重要因素。

Process Simulate 是一个利用三维环境进行制造过程验证的数字化制造解决方案。制造商可以利用 Process Simulate 在早期对制造方法和手段进行虚拟验证。该解决方案对产品和资源的三维数据的利用能力，极大地简化了复杂制造过程的验证、优化和试运行等工程任务，从而保证更高质量的产品更快地投放市场。

Process Simulate 包含以下应用程序。
- 手动任务的人工优化。
- 基于事件的仿真模块。
- 用于过程控制模拟的 OLE（对象链接与嵌入技术）。
- Process Simulate 连接。
- 焊接设计。
- 使用汇编工具进行规划。

注意：每个功能模块可以单独购买授权或使用，也可以与其他功能模块结合使用。

1.4 Process Simulate 主要功能模块

使用 Process Simulate 不同的功能模块可以用于验证不同的制造流程。装配过程、人工操作、焊接、连续激光焊接和胶合等工艺，许多机器人工艺过程都可以在相同的环境中模拟，并且允许用于模拟虚拟生产区域。

（1）Process Simulate 装配

使用 Process Simulate 装配功能模块，用户能够验证装配过程的灵活性。它使制造工程师能够找到最高效的装配顺序，满足碰撞检测的要求，并识别最短的装配周期时间。通过搜索一个经过分类的工具库，使用者可以进行虚拟伸展测试和冲突分析，并仿真产品以及工具的全部装配过程，Process Simulate 装配功能模块提供了选择最适合装配过程的功能。

（2）Process Simulate 人体

使用 Process Simulate 人体功能模块，用户能够验证工作站的设计方案，确保可达性。Process Simulate 人体功能模块提供了强大的功能，以分析和优化人工操作的人机工程，从而确保根据行业标准实现人机工程的安全过程。使用 Process Simulate 人体仿真工具，用户能够进行真实的人工工作仿真，并根据行业标准的人机工程库来优化周期时间。

（3）Process Simulate 焊接

Process Simulate 焊接功能模块可以用于早期规划阶段、详细工程阶段以及离线编程阶段，用户能够在一个三维图形的仿真环境中设计和验证焊接过程。Process Simulate 焊接功能模块简化了制造工程任务（比如焊点在工作站的分布），以满足几何和周期时间约束，并从一个经过分类的库中选择最适合的焊枪，以便使用已有焊枪和工具。

（4）Process Simulate 机器人

使用 Process Simulate 机器人功能模块，用户能够设计和仿真高度复杂的机器人工作流程。利用 Process Simulate 机器人工具（比如循环事件求值程序和经过模仿的特定机器人控制器）能够简化原本非常复杂的多机器人工作区的同步化过程。该机器人仿真工具提供了这样一种功能：为所有机器人设计一个无冲突的运动路径，并优化其周期时间。

（5）Process Simulate 调试

使用 Process Simulate 调试功能模块，用户能够简化已有的从概念设计到车间制造所有阶段的制造和工程数据。Process Simulate 调试功能模块提供了一个通用的集成平台，可以让各种学科（机械专业和电气专业）都参与到生产区/单元的实际调试运行之中。利用 Process Simulate 调试功能模块，用户能够仿真真实的可编程逻辑控制器（PLC）代码，使用过程控制中的对象链接与嵌入技术（OPC）连接真实的硬件以及真实的机器人程序，从而确保真实的虚拟测试生产环境。

1.5 Process Simulate 主要用途

1.5.1 机器人和自动化模拟

Process Simulate 机器人和自动化虚拟调试支持生成各种模拟和调试。

其技术范围包括特定于焊接的应用、工厂车间系统调试、各种机器人的应用、制造特征管理和路径规划的向导和自动化工具。机器人和自动化虚拟调试使用下一代机器人技术，通过模拟和下载到各种机器人控制器的特定方法来确保完整的系统合规性。

机器人和自动化虚拟调试规划环境支持各种行业标准的 OLP（Off-Line Programming，离线编程）控制器和基于 ROSE 和.NET 功能的开放式架构，适用于高度配置的环境。

Process Simulate 调试让用户能够简化从概念设计到车间现有的制造和工程数据。它为用户提供了参与生产区/电气（机械和电气）实际调试的各个学科的通用集成平台。它使用了 OPC 和实际的机器人程序，可以使用真实硬件来仿真真实的 PLC 代码，从而实现非常真实的虚拟调试环境。

1.5.2 设备应用仿真

Process Simulate 支持使用被称为设备的组件层次结构。从这些节点添加、移除或改变它们的位置时总是需要设置建模。在更新 eMServer（或保存在 Process Simulate Standalone 中）之前，必须先完成对设备结构的更改（结束建模）。这意味着如果已添加或从设备层次结构中删除了子级，则必须在更新 eMServer（或保存在 Process Simulate Standalone 中）之前执行结束建模和重新加载组件功能。

用户可以从多个设备对象中构建复合设备。复合设备类似于常规设备——它们由链接、关节和坐标系组成。常规设备和复合设备都可以使用大多数运动对话框构建。

它们之间的主要区别包括以下几个方面。

● 复合设备的关节处可以移动子组件，但不能移动实体。
● 复合设备可以嵌套，常规设备不能。
● 复合设备的关节可以通过"联轴器"相互连接。
● 可以在嵌套设备之间创建附件。与常规附件不同，这些附件与原型一起保存。

注意：附件父项必须是 PLMXML 设备的链接几何图形或 JT 设备的链接对象。

复合设备的关节、链接和坐标系始终与单个节点（设备的根节点）关联。注意该节点不一定是设备的根节点。

要创建复合设备，需建模此节点并使用常规的运动学编辑器来创建链接和关节。通过该链接属性对话框可以选择链接的几何形状。对于复合设备，只能选择子组件，而不能选择实体。

可以通过为"设备"的根节点和子节点构建运动学来创建嵌套设备，并且可以使用"关节功能"对话框连接嵌套设备的关节。例如，嵌套式设备可用于制造由多个相同夹具组成的夹具。复合设备的运动数据与几何数据分开存储，因此可以从 CAD 中更新几何体而不会丢失运动特性。在设备中也可以使用 JT 运动作为叶节点。为嵌套复合设备定义的姿态包含根设备的关节和子设备的所有关节。

1.5.3　Simulation Unit PNIO 仿真

Process Simulate 支持与可编程的 Simulation Unit PNIO 设备的直接连接，最多可模拟 256 个 PROFINET I/O（称为 PNIO）设备。如图 1-1 所示。

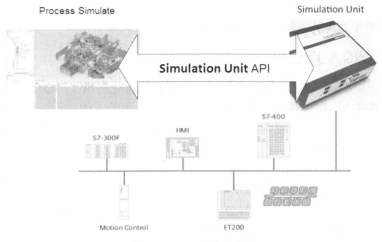

图 1-1　PNIO 设备的连接

快速模拟在 Process Simulate 连接中起到非常重要的作用，它对模拟 PROFINET 网络通信中的安全设备特别有用。

Tecnomatix 的解决方案主要包括以下模块。

- Process Designer：制定流程的基础。
- Process Simulate：对工程研究进行深入仿真和优化。

eMServer-3D 架构提供了这两个构建模块的集成功能。第一阶段，它使 Process Simulate 可以与 Process Designer 中的工作流相关联地创建流程和资源的结构。因此，eM-Planner、PERT、甘特图、表格视图或变体等描述项目进展的工具，可用于构建与真实制造流程相对应的大型复杂流程结构。

第二阶段，这些结构可以在 3D 模拟过程中详细描述。因此，通过 eMServer-3D 连接，用户只需要在研究中添加所有相关零件、资源和操作来定义检查范围，并在 Process Designer 中启动 Process Simulate。

1.5.4 焊接设计

焊接设计实现了焊接设计过程，同时考虑了空间收缩、几何限制和碰撞等关键因素。可以使用机器人可达性测试、多截面和焊接点管理工具等强大功能来创建虚拟单元并优化焊接过程。

焊接设计包括以下内容。

- 往返于各种 CAD/CAM 系统的双向数据传输。
- 三维可视化。
- 静态和动态碰撞检查。
- 2D 和 3D 横截面。
- 焊接点的导入、集成和管理。
- 机器人、焊枪和组件模型库。
- 机器人和设备的运动学建模。
- 模拟部分的流动和机械操作。
- 机器人点焊、连续焊接。
- 外部 TCP（工具坐标系中心）和 TCP。

1.5.5 人因工程的人工优化

Human（人体仿真）模块为交互式设计和人员行为优化提供了 3D 虚拟环境。在实际制造环境的 3D 模型中，可以使用虚拟人体模型来定义人员的工作序列。该功能可以准确分析工作场所的执行时间和人机工程学；还可以立即检查修改的影响，从而使规划人员能够在实际实施之前先优化工作系统。

Human 模块包括以下功能。

- 不同百分位数的女性和男性模型。
- 达到快速工作场所配置的信息。
- 基于 MTM、UAS 和 MEK 方法的时间分析。
- OWAS 人体工学姿态分析。

- Burandt-Schultetus 手臂力分析。
- 视野分析。
- 先进的运动学和运动功能。
- 用于快速任务建模的宏。
- 文档生成（例如动画作业指导）。

1.5.6 汇编工具规划

汇编器是一个强大的工具，有助于零件装配和拆卸的过程规划。可以在流程设计阶段的早期进行静态分析并检测设计的错误之处。可以创建静态和动态分析，即使在构建第一个物理原型之前，汇编程序也能够检查服务和维护程序。

汇编器包含以下功能。
- 三维可视化。
- 创建插入和提取路径。
- 静态碰撞分析。
- 使用甘特图和树形图完成装配顺序定义。
- 包括人力和工具资源的仿真。

1.5.7 基于事件的仿真模块

基于事件的仿真模块提供了一个仿真环境，支持复杂生产站的设计和验证。该模块可以模拟包括各种机器人、制造资源和控制设备完全同步运行的生产工作站。Process Simulate 基于事件的仿真模块提供了一种比传统基于时间的（序列）仿真更精确的方法，使用脱机创建程序以及基于事件和流量控制的仿真，能够仿真多个机器人和周围的设备生产站。借助基于事件的仿真模块的独特仿真功能 OEM，系统集成商可以在开始部署新的昂贵的生产站之前，通过识别同步和自动化问题来节省时间和成本。

1.6 Process Simulate 的价值体现

Process Simulate 通过早期检测和沟通产品的设计问题，降低了变更成本。主要价值体现在：在设计早期的虚拟验证中，可以减少制作物理样机的数量；优化周期时间确保了人机工程的安全过程；使用标准工具和设施，可以降低成本；可仿真多个制造场景，使生产风险最小化；也可以通过仿真验证机械化和电子化集成生产过程（PLC 和机器人）；在虚拟环境中，通过早期验证生产试运行、模仿现实过程，可以提高过程质量。

第 2 章　Process Simulate 安装

【本章目标】

了解计算机软硬件配置要求、Process Simulate 软件的安装步骤、设置及许可证文件的关联和软件的使用设置。

2.1　Process Simulate 安装条件

2.1.1　环境

用户管理员：最高权限在"我的电脑"管理员页面。

用户的账户：Administrator。

2.1.2　硬件配置需求

硬件配置需求见表 2-1。

表 2-1　硬件配置需求

硬 件 名 称	最 低 配 置	推 荐 配 置
CPU	Intel Core 2 Q6600（4 核 2.40GHz）	Intel Core i5 3470（4 核 3.2GHz）
内存	4GB	8GB
硬盘	固态 120GB	固态 240GB

以下硬件支持 Tecnomatix 应用程序中的立体 3D 查看：

- 监视器/投影机具有至少 120Hz 的高频率，支持主动立体声技术。
- 支持立体声渲染和四路缓冲立体声模式的图形卡。
- 支持主动立体声技术的 3D 眼镜。

2.1.3　软件安装先决条件

软件安装前系统需具备以下条件或安装程序：

- Windows Installer 4.5 for Windows。
- Microsoft .NET Framework 4.5。
- MSXML 6.0 SP1（x64）。
- Microsoft Visual C++ 2012 Update 4 Redistributable Package（64）。

2.2　安装步骤

打开 Process Simulate 安装包 "CD14.0_Tecnomatix"，双击 "Tecnomatix.exe" 运行安装程序，如图 2-1 所示。

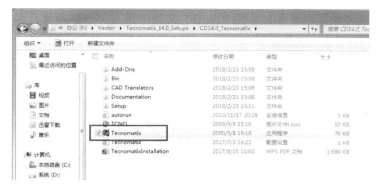

图 2-1 双击"Tecnomatix.exe"

在弹出的窗口中单击"Install Tecnomatix 15.0.2 Products",如图 2-2 所示。

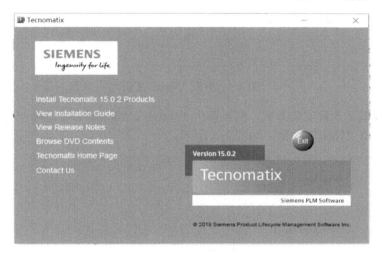

图 2-2 单击"Install Tecnomatix 15.0.2 Products"

单击"Install Tecnomatix 15.0.2",进入 Tecnomatix 产品安装页面,如图 2-3 所示。

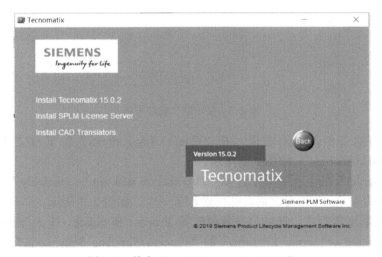

图 2-3 单击"Install Tecnomatix 15.0.2"

出现安装设置开始提示界面，单击"Next"按钮，进入下一步设置，如图 2-4 所示。

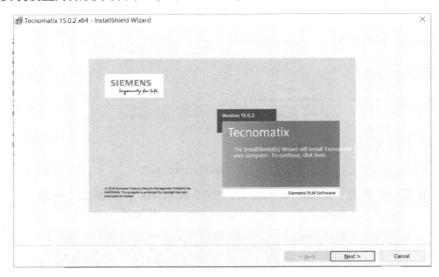

图 2-4　单击"Next"按钮

安装程序提供了 5 种安装方案，在此单击"Install eMServer and Client Applications"，使用默认设置，单击"Next"按钮，如图 2-5 所示。

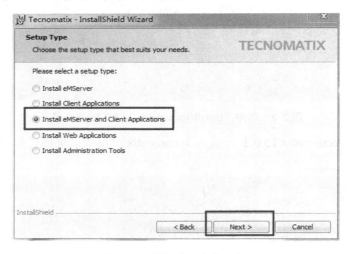

图 2-5　使用默认安装方案

首先将所有组件全部取消选择，在"Client Applications"的下拉菜单中选择"This feature will not be available."，如图 2-6 所示。

并在"eMServer"的下拉菜单中选择"This feature will not be available."。如此操作，确保每一个选项都是红色"×"号之后，即可进行下一步，如图 2-7 所示。

根据需求安装所需组件，在此只安装单机版 Process Simulate（个人计算机单机使用）。在"Process Simulate eMServer Platform"的"Process Simulate Standalone"下拉菜单中选择如图 2-8 所示选项。

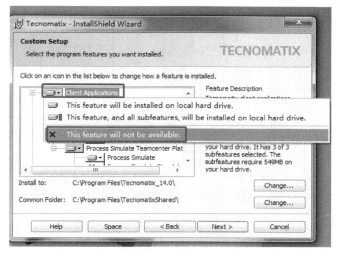

图 2-6 找到并取消"Client Applications"

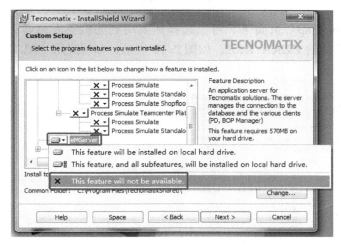

图 2-7 找到并取消"eMServer"

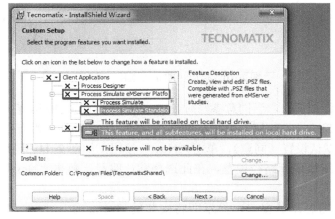

图 2-8 选择需要安装的组件

使用默认路径安装，单击"Next"按钮，如图 2-9 所示。

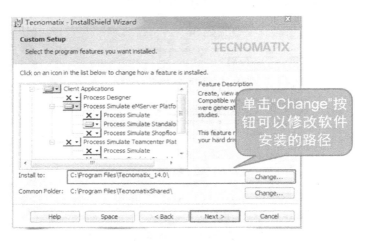

图 2-9 单击"Next"按钮

在"Controllers setup"页面下，可以选择需要用到的机器人品牌。在此以 KUKA 为例，选择 KUKA 品牌的 KUKA_KRC，如图 2-10 所示，即可启用"KUKA_KRC"组件，然后单击"Next"按钮。

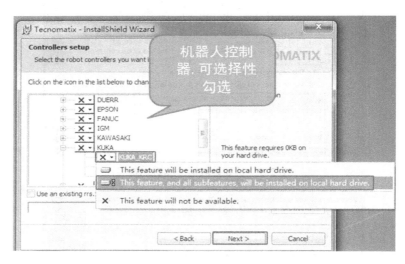

图 2-10 启用"KUKA_KRC"组件

显示产品改进计划窗口，当同意参与时，该产品改进计划会收集有关如何使用该应用程序的信息，从而使 Siemens PLM Software 能够改进产品及其功能。没有任何信息会暴露于外部各方。在此使用默认设置（同意），单击"Next"按钮，如图 2-11 所示。

接下来显示系统模型库路径设置，在此选择默认路径，单击"Next"按钮，如图 2-12 所示。

之后出现安装信息浏览窗口，显示即将安装的 Tecnomatix 组件及安装的位置，单击"Install"按钮开始安装，如图 2-13 所示。

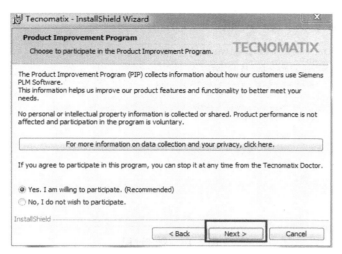

图 2-11　默认同意参与产品改进计划

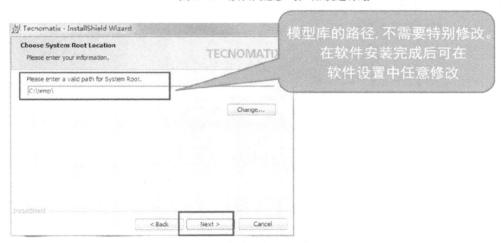

模型库的路径，不需要特别修改。在软件安装完成后可在软件设置中任意修改

图 2-12　模型库路径设置

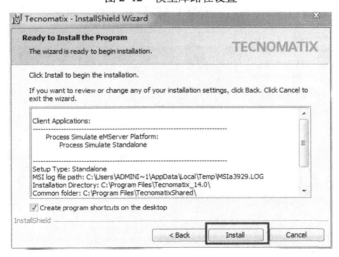

图 2-13　单击"Install"按钮开始安装

安装过程中将显示以下窗口，如图 2-14 所示。

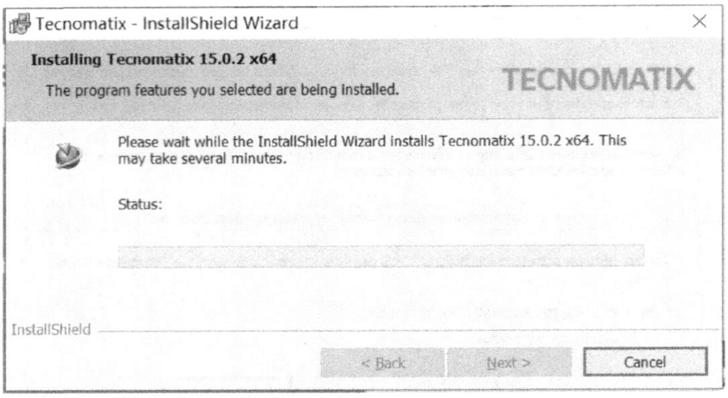

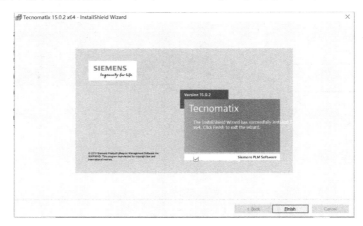

图 2-14　安装过程

安装完成后弹出安装完成信息，单击"Finish"按钮完成安装，如图 2-15 所示。

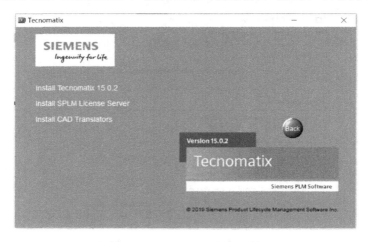

图 2-15　安装完成

再单击"Install CAD Translators"，安装 CAD 转换文件，如图 2-16 所示。

图 2-16　安装 CAD 转换文件

弹出插件安装提示，单击"Install"按钮，如图 2-17、图 2-18 所示。

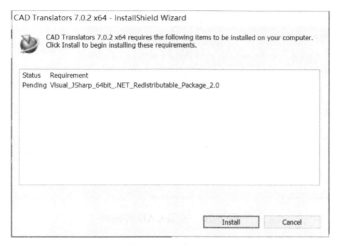

图 2-17　插件安装提示

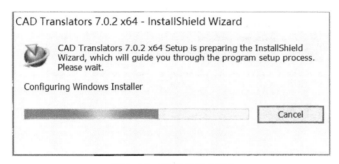

图 2-18　插件安装过程

插件安装完成，单击"Next"按钮，如图 2-19 所示。

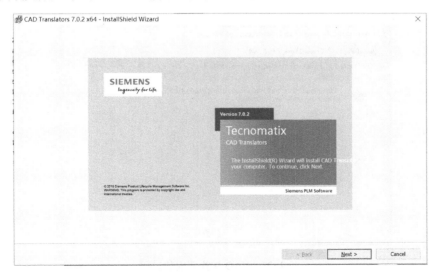

图 2-19　插件安装完成

弹出 CAD 转换器安装文件窗口，默认单击"Next"按钮，如图 2-20 所示。

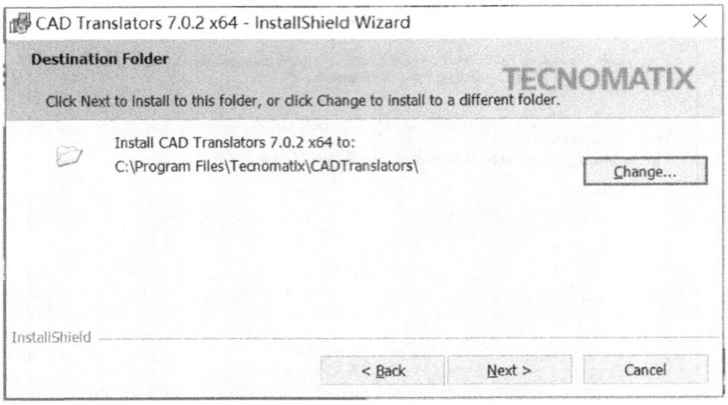

图 2-20 安装 CAD 转换器

弹出窗口提示是否安装，单击"Install"按钮开始安装，如图 2-21～图 2-23 所示。

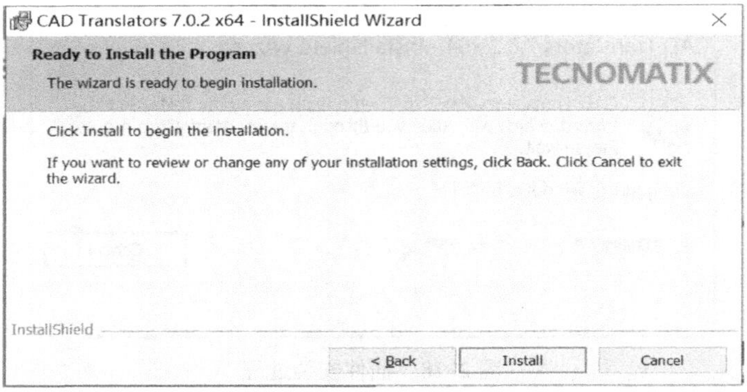

图 2-21 单击"Install" 按钮开始安装 CAD 转换器

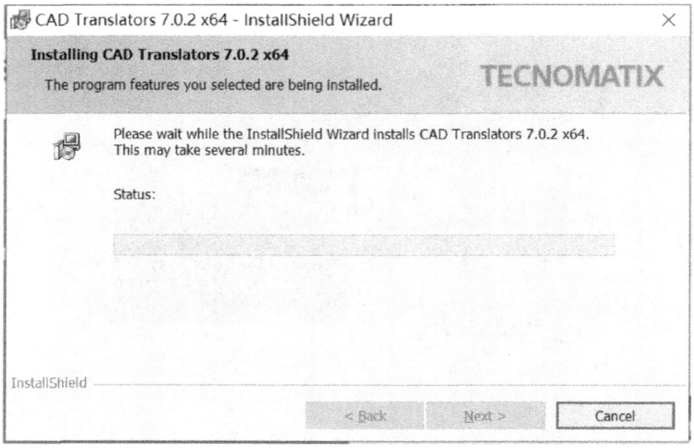

图 2-22 CAD 转换器安装过程

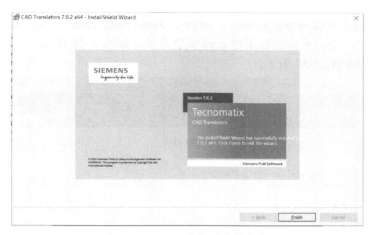

图 2-23　CAD 转换器安装完成

2.3　安装许可

2.3.1　Java 安装

Tecnomatix 安装包不包含 Java 安装组件，需要从 Java 官网（www.java.com）选择适合自己计算机系统的 Java 安装包进行下载，如图 2-24 所示。

名称	修改日期	类型	大小
jre-8u51-windows-i586	2022/4/11 15:48	应用程序	36,474 KB
jre-8u51-windows-x64	2022/4/11 15:31	应用程序	42,209 KB

图 2-24　Java 安装包

jre-8u51-windows-i586.exe 适合 Windows 32 位系统安装；jre-8u51-windows-x64.exe 适合 Windows 64 位系统安装。选择适合自己计算机系统的安装包，单击"安装"按钮开始安装，如图 2-25 所示。

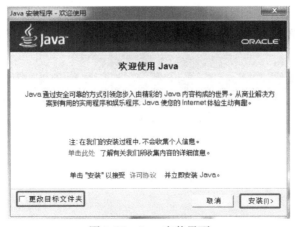

图 2-25　Java 安装界面

如上一步勾选"更改目标文件夹"，则指定 Java 安装目录；如上一步没有勾选"更改目标目录文件夹"，则由系统默认指定 Java 安装目录，如图 2-26 所示。

安装进度提示如图 2-27 所示。

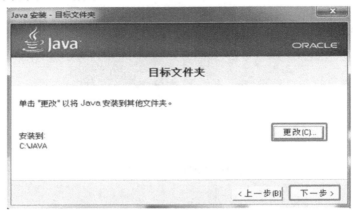

图 2-26　设置安装路径

图 2-27　安装进度提示

Java 安装完成，单击"关闭"按钮即可完成安装，如图 2-28 所示。

图 2-28　Java 安装完成

2.3.2　服务器 License 修改

打开购买的 License 文件，将 License 文件中的 host name 改为服务器主机名，格式为"SERVER 计算机名 ANY 28000"，并保存，如图 2-29 所示。

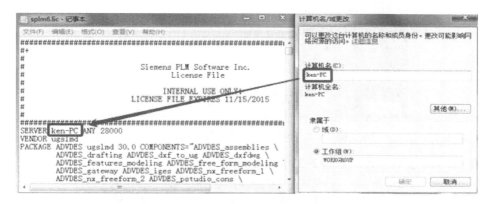

图 2-29　License 文件修改

2.3.3　服务器 License 安装

打开 Tecnomatix 安装程序包，运行 SPLMLicenseServer_v8.2.3_win64_setup.exe 进行安装，如图 2-30 所示。

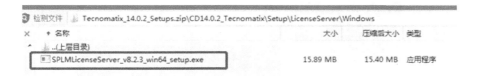

图 2-30　服务器 License 安装

选择安装语言，如图 2-31 所示。

图 2-31　选择"简体中文"

单击"下一步"按钮进行安装，如图 2-32 所示。

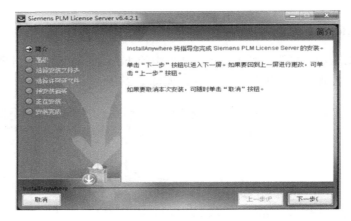

图 2-32 单击"下一步"按钮进行安装

选择 License 安装位置,如图 2-33 所示。

图 2-33 选择 License 安装位置

选择修改后的许可证文件,如图 2-34 所示。

图 2-34 选择许可证文件

查看预安装摘要，然后单击"安装"按钮，如图 2-35 所示。

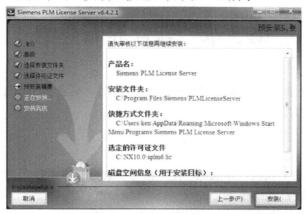

图 2-35　单击"安装"按钮开始安装

服务器 License 安装界面如图 2-36 所示。

图 2-36　服务器 License 安装界面

服务器 License 安装完成（需要重启计算机），如图 2-37 所示。

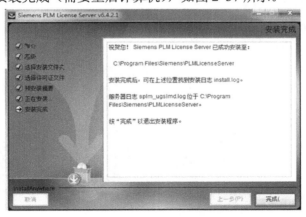

图 2-37　服务器 License 安装完成

视频 2-1　软件安装

视频 2-2　软件汉化教程

第3章　软件界面介绍

【本章目标】

了解 Process Simulate 仿真软件各个功能区的应用，熟悉各个功能区的位置，为深入学习该软件的后续内容奠定必要的基础。

3.1　启动软件

本节介绍如何启动 Process Simulate 软件和加载数据。样本数据包含在 Process Simulate 的安装中，可以在安装目录中找到。

1）双击打开桌面上的"PS on eMS Standalone"快捷图标，出现软件的欢迎页面，如图 3-1 所示。

图 3-1　Process Simulate 欢迎页面

2）在"最近的文件"列表中，单击想要打开的研究（PSZ）。该研究显示在"Process Simulate"窗口中，如图 3-2 所示。

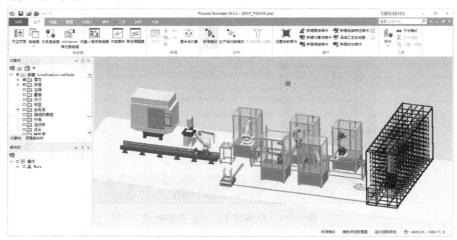

图 3-2　Process Simulate 窗口

使用 Process Simulate 的面向对象界面，必须先选择想要处理的对象以激活界面中的选项。在查看器中选择对象，通过功能区选项卡和右键单击上下文菜单访问选项，也可以通过拖动边框来调整查看器的大小。单击查看器的右上角"×"按钮可完全关闭查看器。要重新显示查看器，可选择"查看器"选项卡下的"布局"→"查看器"命令，然后选择所需的查看器。"Process Simulate"窗口的元素将在以下各节中进行介绍。

3.2 Process Simulate 项目文件操作

（1）在标准模式/生产线仿真模式下打开

生产线仿真模式也称为基于事件的仿真。在标准模式呈现开放的状态下，且生产线仿真模式呈现打开选项，就可以打开本地文件的研究（.PSZ 文件），并在标准或生产线仿真模式下运行它。

运行 Process Simulate Standalone（单机模式）时，必须在使用库组件 ZIP 文件之前配置系统根目录。有关配置系统根目录的操作，可以单击"文件"→"选项"→"断开的"界面中的"客户端系统根目录"区域中设置。

（2）最近的文件

找到"⏱最近的文件"，可以从中选择一个文件。

（3）用另一个名称保存当前工作

"另存为"选项可使用选择的名称保存当前工作。

（4）保存

保存选项可以在连接到 eMServer 或运行 Process Simulate Standalone 时，保存当前加载的 PSZ 文件更改。

有时候，当没有连接到 eMServer，又必须运行 Process Simulate 时，例如，当在车间观察"实时"进程时希望对研究进行更改，而 Process Simulate Standalone 是一个独立的应用程序，可以运行计算机本地上的研究实例，而无须连接到 eMServer。

如果已完成与 Process Simulate Standalone 的工作会话，那么当与 eMServer 的连接变为可用时，可以启动 Process Simulate 加载 PSZ 文件，并通过将数据更改更新到 eMServer 来更新具有这些更改的服务器。

保存研究文件的步骤如下：选择"文件"→"保存"命令。在独立模式（也叫单机模式）下，选择"文件"→"断开的研究"→"保存"命令。

3.3 Process Simulate 图形查看器

3.3.1 Process Simulate 窗口

本节介绍 Process Simulate 中可用的选项卡和色带、状态栏和默认键盘快捷键。

随着 UX 技术的进步，在图形查看器中将鼠标从一个对象悬停到另一个对象时，随着前一个对象返回到其非高亮颜色，将使用预览颜色来突出显示每个后续对象。此外，当鼠标悬停在对象上时，系统会根据指定的挑选等级和意图在对象上显示一个新的预览标记。

当用户单击实际选择对象时，预览颜色将更改为选择颜色，并且选取选择标记图标会更改，如图 3-3 所示。

图 3-3　单击对象

用户可以在"选项"对话框的"外观"选项卡中修改预览颜色和选择颜色。

3.3.2　图形查看器工具栏

图形查看器工具栏在活动的图形查看器中可见（如果有多个查看器处于打开状态），默认情况下它会出现在查看器的上部中央。用户可以在图形查看器边界内的任何地方拖动它。它包含视图更改命令（例如缩放、视图中心等）以及拾取等级、测量、尺寸和其他操作图形查看器中的对象的命令，例如放置操控器，如图 3-4 所示。

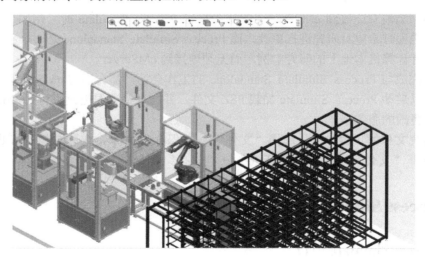

图 3-4　放置操控器操作

图形查看器默认为显示状态。可以通过取消勾选"选项"对话框的"图形查看器"选项卡中的"显示查看器"复选框来隐藏它。此时，图形查看器工具栏仍保持可见状态，但在使用前会变暗，如图 3-5 所示。

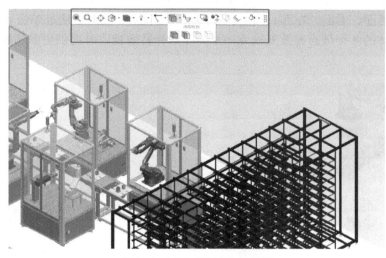

图 3-5 图形查看器工具栏

另外，将光标定位在图形查看器中，然后按下键盘空格键打开"快速"工具栏。它包含最常用的拾取和选择命令，并且只要空格键仍然处于按下状态，它就保持打开状态，如图 3-6 所示。

图 3-6 打开"快速"工具栏

新的工具栏可显著降低鼠标移动的频率，并使图形查看器远离色带区域。

3.4 对象工具栏

当选择一个对象时，对象工具栏会显示，它包含与该对象相关的命令的图标。当移开鼠标时，对象工具栏会消失，并且在将鼠标移开更远之后，直到重新选择对象，工具栏才会重新出现。图标内容是与该对象相关的命令，并针对所选择的每种对象类型进行更改，如图 3-7 所示。

图 3-7 对象工具栏

对象工具栏默认显示。可以通过在"选项"对话框的"图形查看器"选项卡中取消勾选"选定对象的显示上下文"复选框来隐藏它。

3.5　导航立方体

Tecnomatix 应用程序在图形查看器中可显示 3D 导航立方体。可通过单击立方体的 6 个面，即前面、后面、右面、左面、顶面和底面来改变视点；还可以通过单击导航正方体的边线或导航正方体的各个顶点来改变视点，从而在选择特定视图时提供更多功能，如图 3-8、图 3-9 所示。

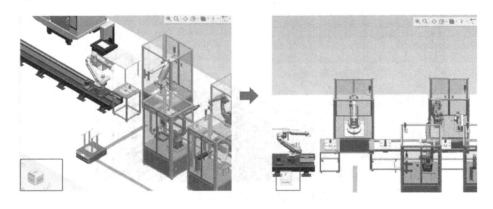

图 3-8　导航立方体示意图（1）

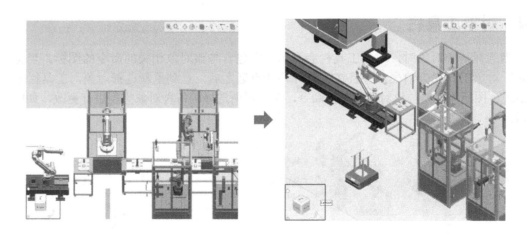

图 3-9　导航立方体示意图（2）

当视点完全位于一个面上时，导航立方体会在该面的四条边上分别显示箭头。单击箭头可将立方体旋转到其另一侧的隐藏面上，如图 3-10 所示。

单击主页按钮将导航立方体旋转到与立方体顶部右前角对应的视点。模拟移动到新视点的场景的外观和姿态由导航设置中选择的旋转方法确定（也可通过"选项"对话框的"图形查看器"选项卡访问)。窗口显示"图形查看器"选项卡中的动画查看选项(默认情况下处于选中状态),会在旋转视图时导致"反向"效果。

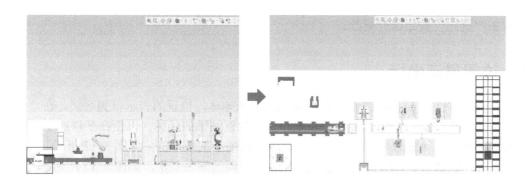

图 3-10   导航立方体

用户单击两个弯曲的旋转箭头中的任一个,可以沿箭头方向将当前视图旋转 90°。通过按住鼠标中键可以沿箭头方向平滑连续地转动视图。

要设置导航选项时,单击导航立方体左下角附近的设置图标,打开"导航设置"对话框,如图 3-11 所示。

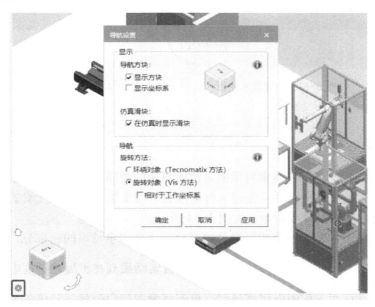

图 3-11   "导航设置"对话框

在显示区域中,可显示或隐藏导航立方体和坐标系。

在导航区域中,可进行如下设置。

1)环绕对象(Tecnomatix 方法):对象可以像上述介绍的 Tecnomatix 应用程序一样旋转。导航坐标系代表世界坐标系的方向。但是,如果导航立方体隐藏,则该坐标系表示工作坐标系的方向(根据个人习惯进行选择)。

2）旋转对象（Vis 方法）：对象按照鼠标移动的方向旋转，如 Teamcenter 和 Vis 产品。导航坐标系代表世界坐标系的方向。如果将"相对"设置为"工作框"，则该框表示工作框的方向（根据个人习惯进行选择）。

单击"确定"按钮保存更改。

3.6 位置显示坐标

通过在 Z 轴上显示指向圆锥体和在 X 轴上显示球体，位置的表示得到增强。在"选项"对话框的"外观"选项卡中，用户可以选择更改放置圆锥的坐标，以便在平移或平移时保持位置轴大小固定或可缩放，并在缩小时为轴设置可缩小的最小值，如图 3-12 所示。

选择单个位置时，XYZ 工具提示以与工作框相同的颜色显示，如图 3-13 所示。

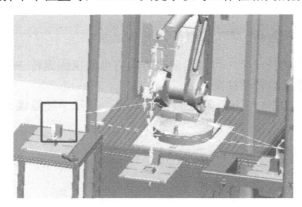

图 3-12　位置显示坐标

图 3-13　XYZ 工具

3.7 搜索栏

在右上角的搜索栏里可以搜索对象的名称所对应的在研究和应用程序中的命令。可以输入整个单词或单词的一部分，并且在键入时同步显示搜索结果。允许搜索的名称包含指定的一个或多个字符的所有对象或命令，如图 3-14 所示。

在搜索文本框中，输入一个或多个单词或单词或文本字符串的一部分，然后按键盘上的〈Enter〉键或单击 放大镜图标。搜索结果列在扩展对话框中，并在图形查看器中突出显示，且在相关树中以粗体显示。单击列表中的命令将打开该命令并关闭搜索对话框。搜索结果的总数显示在对话框中命令和对象旁边的括号内。可以使用"设置"命令将搜索配置为仅包含对象或命令或两者都包含。

如果找到的对象隐藏在树中，则树会将其展开并显示（该选项是在"常规"选项卡中设置的）。可以通过将文本框留空并单击搜索图标来列出研究中的所有对象（以及所有命令）。

注意可以通过拖动其左侧和底部边缘来展开"搜索"窗口。搜索栏允许用户根据功能区组名称进行搜索并执行组的子命令。

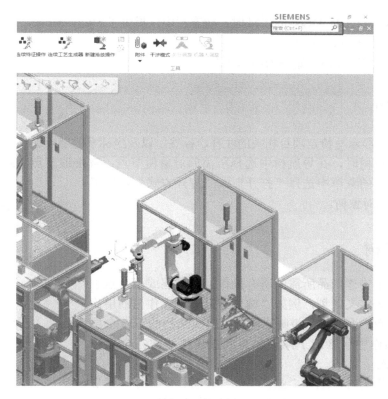

图 3-14　搜索栏

3.8　状态栏

状态栏显示在流程仿真应用程序窗口的底部。状态栏的菜单可以自定义显示或隐藏哪些信息。配置状态栏时用鼠标右键单击状态栏，打开"状态栏配置"菜单，如图 3-15 所示。

状态栏配置	
✓ 研究模式	标准模式
✓ 选取意图	捕捉点选取意图
✓ 选取级别	组件选取级别
✓ 拾取坐标	2555.04, -1368.57, 0

图 3-15　"状态栏配置"菜单

只有当存在对应要显示的信息时，才能看到状态栏上的某些项目（如"检入/出状态"和"变体过滤器"）。例如，如果未应用过滤器，虽然启用了"变体过滤器"选项，但它不会显示在状态栏上。

系统将状态栏配置存储在当前布局中，请参阅 3.2 节"保存"部分。

当使用 Process Simulated Standalone（请参阅使用 Process Simulate Standalone 本地工

作）和 Process Simulate Disconnected 时，状态栏中仅提供了 Study Mode、Pick Level、Pick Intent 和 Pick Coordinates 选项。

状态栏的应用程序消息始终为显示状态。

3.9　对象树

对象树包含显示与特定项目相关的注释、标签，以及坐标系的节点。

要显示对象树时，在导航树中选择所需的对象树节点，双击该节点，或右键单击该节点，然后从弹出的菜单中选择"打开"或"打开方式"，即可出现所选节点的对象树。

3.10　操作树

操作树表示构建产品所需的所有操作。其顶层或根节点以其最通用的术语定义计划，例如"构建产品"。操作树的层次结构向下分解为一系列第一级制造操作。层次结构的下一个层次包括每个操作中包含的子操作，直到操作树层次完全展开并包含每个操作。

要显示操作树时，选择"主页"→"查看器"命令，然后选择操作树，即可将操作树打开并显示当前项目的数据。

操作树中的机器人操作如图 3-16 所示。

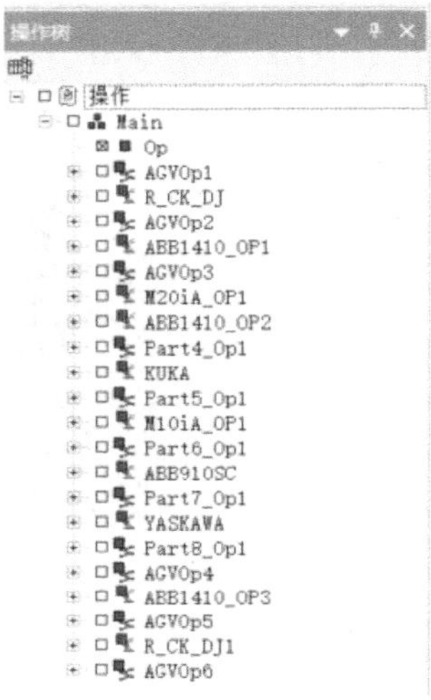

图 3-16　操作树示例

3.11　默认的键盘快捷键

表 3-1 列出了 Process Simulate 中可用的常用快捷键。这些键是不允许分配给其他功能的。

表 3-1　键盘快捷键

快　捷　键	命　　令
〈Alt+P〉	放置操控器
〈Alt+Z〉	放大以适应
〈Alt+F4〉	关闭活动窗口
〈Ctrl+A〉	选择所有组件
〈Ctrl+C〉	复制
〈Ctrl+F〉	搜索
〈Ctrl+N〉	新建
〈Ctrl+O〉	打开
〈Ctrl+S〉	保存

快 捷 键	命 令
〈Ctrl+V〉	粘贴
〈Ctrl+Z〉	撤销
〈Shift+S〉	设置当前操作
Delete	删除
F1	显示在线帮助
F3	暂停
F4	向后播放
F5	向前播放
F6	选项
F10	切换视图样式
F11	切换选取意图
F12	切换选取级别
Home	初始位置

第 4 章　模 型 编 辑

【本章目标】

了解 Process Simulate 软件的模型编辑、组件导入、组件分类及组件的运动定义，深入学习 Process Simulate 仿真的前置内容，是学习 Process Simulate 不可或缺的基础部分。

4.1　设置建模范围

"设置建模范围"命令能够激活组件的建模范围，可加载所选组件的.cojt 文件以进行建模（如果未锁定），并将该组件设置为活动组件。设置建模范围支持多种组件选择，在这种情况下，最后选择的组件成为活动组件。当建模范围中有多个组件时，可以使用"更改范围"下拉列表设置活动组件。

4.1.1　建模组件

为了将一个组件建模，例如，添加实体或修改组件中的实体，必须激活建模范围。选择一个组件并选择"建模"→"范围"→"设置建模范围 ☑"命令，以激活建模范围并根据需要修改选定的组件。设置建模范围仅适用于组件。

此时，将显示一个新的图标"叠加层 ☒"，以指示某个对象当前正在建模中，如图 4-1 所示。

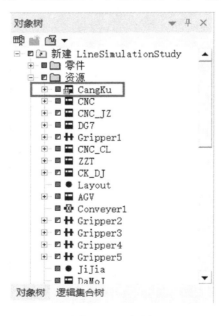

图 4-1　对象树

● 如果对建模设置的结果感到满意，则使用"结束建模"命令。

- 如果组件不在建模范围内，"建模"选项卡中的许多选项都将被禁用。
- 组件的建模范围需要保持激活状态，直到运行"结束建模"命令。
- .co文件无法打开进行建模（可打开.cojt文件进行建模）。

JT文件中有两种类型的几何体：XTBRep和JTBrep。Process Simulate提供对XTBRep的全面支持，但是仅为JTBrep提供有限的支持。可以在Process Simulate中打开JTBrep组件进行建模，并且可以执行运动建模。在Process Simulate中，无法对现有的JTBrep几何体执行几何建模，但是可以创建新的几何体并对其进行建模。JT文件的XTBRep格式支持在精确几何体上投射焊接点。

如果插入使用第三方程序创建的组件（使用"插入组件"命令），则可以使用"设置建模范围"命令查看存储在JT文件的PMI（产品制造信息）部分中的内容。执行"结束建模"命令，以与最初使用Process Simulate创建的组件相同的方式存储坐标信息。

更改组件的名称需要建模。加载组件的建模工作流程如下。

1）选择组件并选择"Set Modeling ScopeSet_Modeling_Scop"命令，根据需要修改组件，并使用相关的建模命令。

2）使用"结束建模"命令保存修改的组件，系统将该组件保存在系统根目录下。

3）在关闭Process Simulate之前，不需要结束建模会话。在没有结束建模就关闭Process Simulate的情况下，下次打开Process Simulate时，对象依旧会处于建模状态。

4）单击建模中的"结束建模"命令，如图4-2所示。

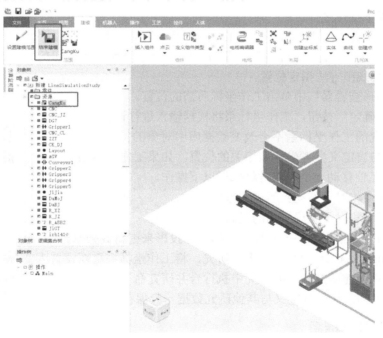

图4-2　结束建模

4.1.2　设置工作坐标系

使用"设置工作坐标系"命令来自定义研究的参考工作坐标系。工作坐标系是将 *X*、*Y*

和 Z 坐标定义为 0 的位置。研究中的所有坐标值都是相对于工作坐标系显示的。默认情况下，每个研究的工作坐标系等同于全局坐标系。若更改研究中的工作坐标系则会对命令和查看器中涉及的参考坐标系的位置和旋转有影响。例如，放置命令和操控器所输入的坐标值都是参考工作坐标系。设置工作坐标系可以简化过程中坐标的显示。例如，对于车轮装配过程，可以将车轮的中心定义为工作坐标系，在装配中的所有零件和资源的坐标都显示在车轮中心的相对位置。

为研究设置工作坐标系的步骤如下。

1）选择"建模"→"范围组"→"设置工作坐标系 ⬛"命令，弹出"设置工作坐标系"对话框如图 4-3 所示。

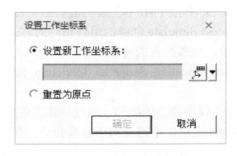

图 4-3 "设置工作坐标系"对话框

2）执行以下操作之一。

① 选择"重置为原点"命令以将工作坐标系重置为全局坐标系。

② 选择"设置新工作坐标系"，单击右侧"参考坐标" ⬚ 按钮的下拉箭头，并使用其中一种标准坐标规范方法指定位置。

③ 在"图形查看器"中单击工作坐标所需的位置。

3）单击"确定"按钮，工作坐标系将根据输入进行设置。

自定义研究的工作坐标系不会改变数据库中对象的位置。工作坐标系只是一个基准坐标系，用于显示与自定义参考坐标系相关的位置。如果工作坐标系与全局坐标系不同，则沿着工作坐标系的 X 轴移动一个对象时将执行以下操作。

① 在研究中将对象移动到所需的方向。

② 计算运动相对于全局坐标的投影。

③ 使用与全局坐标相关的对象移动的计算投影来更新数据库。

使用 Merge Studies 命令合并多个研究，将工作坐标系重新设置为新合并研究中的全局坐标系。在一项创建研究副本的研究中执行合并研究命令，可以保留新合并研究中的自身坐标系。每项研究的工作坐标定义与其他研究数据一起保存。

4.1.3　设置自身坐标系

使用"设置自身坐标系"命令可以移动组件。例如，如果建立了焊枪模型并希望使用其新的几何形状来创建焊枪的类型，其中焊枪的长度各不相同，则可以延长焊枪的长度并重新定义焊枪的自身坐标以与其 TCP 对齐，这有助于将焊枪或机器人放置在所期望的位置。

设置自身坐标系的步骤如下。

1）选择一个组件并打开它进行建模。

如果在"选项"对话框的"图形查看器"选项卡中设置了"显示坐标系"，则所选组件将与其自身坐标系一起显示，如图 4-4 所示。

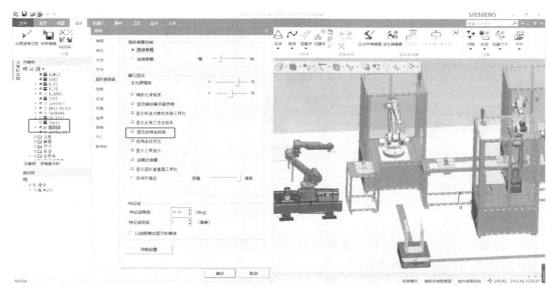

图 4-4　显示坐标系

2）选择"建模"→"设置自身坐标系 　"命令，弹出"设置自身坐标系"对话框，如图 4-5 所示，对象列表中列出了该组件的名称。

图 4-5　"设置自身坐标系"对话框

3）在当前自身坐标系和所需位置之间的图形查看器中出现黄线（以粗实线表示），如图 4-6 所示。

4）执行以下任何可选操作。

① 默认情况下，自身坐标系的来源是自身，即"从坐标"选项中选择"自身"。如有必要，将"从坐标"设置为几何中心或工作坐标系。

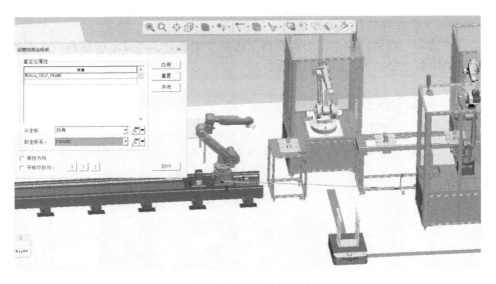

图 4-6　设置自身坐标系

② 设置保持方向以确保自身坐标系在目标位置保持其方向。如果不设置此选项，则自身坐标系将采用目标坐标系的方向。

③ 设置"平移仅针对"来将自身坐标系的平移改为限制单个轴的平移。选择 X、Y 或 Z，以使自身坐标仅匹配目标的 X、Y 或 Z 轴位置。

5）单击"关闭"按钮，退出"设置自身坐标系"对话框，如图 4-7 所示。

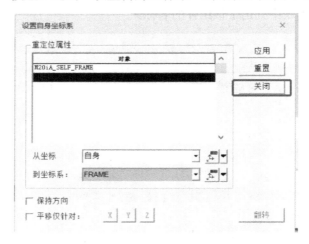

图 4-7　完成设置

4.1.4　重新加载组件

从库中加载组件到研究并建模其 3D 几何体后，使用"重新加载组件"命令可以使研究恢复到组件几何体与建模更改之前的状态。"重新加载组件"命令可以删除对尚未定义为"已保存"的实体的任何引用。当使用"重新加载组件"命令重新加载组件的初始三维模型时，因为模型一开始就存在于库中，所以该命令不会重置所做的其他类型的修改，例如重命名组件、将其分配给操作、添加属性等。只要尚未调用"结束建模"命令来终止建模会话并保存，就可以使用"重新加载组件"命令将修改后的组件返回到库。

重新加载组件的步骤如下。

1）选择组件并选择"建模"→"重新加载组件 ▣"命令，将显示以下消息，如图 4-8 所示。

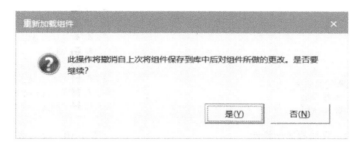

图 4-8　重新加载组件

2）单击"是"按钮以删除在当前建模会话中进行的三维几何更改。重新加载组件还会删除所有对未定义为"保留"的实体的引用，其他修改（名称、操作分配、位置、属性等）不会重置。

4.2　组件

4.2.1　插入组件

可以在另一台机器上插入使用 Process Simulate 建模的组件，并将其作为扩展名为.cojt 的文件保存到工作单元中。无法修改预定义的组件，使用.co 扩展名保存的文件可以读入 Process Simulate，但无法建模。但是，可以使用"升级 co 原型到版本"命令来执行此操作，从第三方程序创建的文件中插入组件。此外，也可以从第三方程序创建的文件中插入组件，如果需要查看这些组件的坐标，可以在软件中打开它们并设置建模范围后查看。

在独立模式下运行时：
- 可以从 ZIP 文件中附带的 PSZ 文件或其他来源插入组件。
- 可以插入在其他研究中重复使用的设备。

如果试图插入未定义原型的组件，或者从不同的研究中插入 EquipmentPrototype 以确定需要定义 EquipmentPrototype 中的所有组件，则系统会提示如下。

组件类型没有定义；使用定义组件类型命令来定义类型。

在为设备添加新资源之后，必须对新资源执行结束建模，然后才能对设备执行结束建模。插入的对象是组件原型的新实例。额外插入同一个组件会导致同一个原型的多个实例。该组件根据.cojt 文件夹中的源数据文件 CompoundData.xml 进行定义。CompoundData.xml 是在打开/关闭建模组件时创建的。EquipmentPrototypes 在 12.1.1 之前的版本中建模时是不存在的。如果将没有 CompoundData.xml 的 EquipmentPrototypes 插入研究中，则只加载运动特性。如图 4-9 所示。

插入成功则如图 4-10 所示。

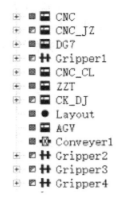

图 4-9　只加载运动特性　　　　　　图 4-10　插入成功

　　如果使用 Process Simulate 建模组件时，没有加载几何图形或组件，该组件必须在其原始研究中建模，以便可以从项目中提取组件结构并将其写入 cojt CompoundData.xml 中。而且它不能在目的研究中更新。组件有以下几种插入类型。

● 零件类型：插入后嵌套在对象树中的零件文件夹下。
● 资源类型：插入后嵌套在对象树中的资源文件夹下。
● 未定义类型：完全没有插入组件，该类型会导致系统提示以下消息：无法加载组件。
插入组件的步骤如下。

1）选择"建模"→"插入组件 🔃"命令，弹出"插入组件"对话框，如图 4-11 所示。

图 4-11　"插入组件"对话框

　　如果运行了"创建库预览"命令，则"预览"将显示所选组件的二维预览。

　　2）浏览到希望插入的组件时，单击"打开"按钮，组件被加载到当前的工作单元中，其名称出现在对象树中，其内容出现在图形查看器中，组件被插入至世界坐标系。Process

Simulate 不支持包含.jt 文件的.co 组件的建模。要启用建模，可使用 co 文件升级为 cojt 文件的方式。

将组件另存的步骤如下。

1）选择想修改的组件。

2）选择"建模"→"范围"→"将组件另存为 🖫"命令，弹出"组件另存为"对话框，如图 4-12 所示。

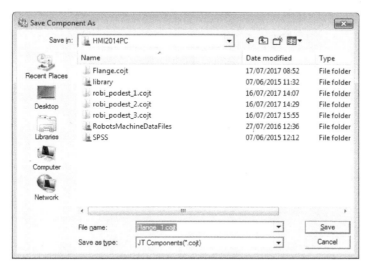

图 4-12　"组件另存为"对话框

3）接受默认的文件名和路径或修改它们，然后单击"保存"按钮。新实例将显示在对象树中，如图 4-13 所示。

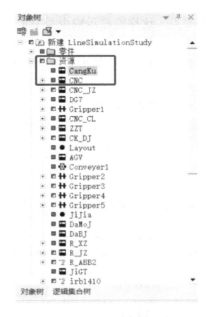

图 4-13　对象树

4.2.2　定义组件类型

在独立模式下运行时，使用"定义组件类型"命令可以定义组件的原型（缺少此定义时）。定义组件类型的步骤如下。

1）选择"建模"→"定义组件类型⬚🔧"命令，系统会提示选择一个文件夹来搜索组件。

2）选择一个文件夹并单击"确定"按钮，弹出"定义组件类型"对话框，如图 4-14 所示。

图 4-14　"定义组件类型"对话框

不要选择对象文件夹本身（*.co 或*.cojt），而应选择其父文件夹；否则，对话将打开为空文件夹。

3）选中已分配类型的隐藏节点，这样能显示缺少类型定义的节点。

4）单击类型单元格以查找缺少类型定义的节点，然后选择适当的定义。

如果选择组件目录，则会自动选择目录中的所有组件并为其分配相同的类型（已有分配的组件保留当前设置）。

5）单击"确定"按钮，Process Simulate 创建分配。

如果遗漏了任何未分配的组件，系统会提示完成所有分配或继续操作。

此外，还可以在编辑模式下隐藏和显示点云图层。

4.2.3　创建零件和资源

使用"创建零件/资源"选项能够创建零件和资源，包括以下工具，见表 4-1。

表 4-1　创建功能表

图　标	名　称	描　述
▷※	创建新零件	添加新零件原型
▷※▷	创建复合零件	创建新的复合零件

图 标	名 称	描 述
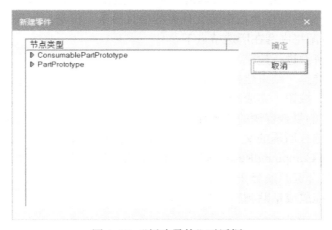	创建新资源	添加新的资源原型
	创建复合资源	创建新的复合资源

如果正在以独立模式运行创建零件/资源工具，则将更新数据更改延迟至与 eMServer 初始连接的步骤，直至再次连接至 eMServer。如果在启动"创建新零件"或"创建新资源"之前预先选择零件/资源，则只能创建相关类型的对象，并自动嵌套在预选文件夹下。在这种情况下，不可用选项处于非活动状态。但是，如果启动这些命令时没有选择，则可以在 Parts 或 Resources 文件夹的根目录下分别创建零件和资源。

创建一个新的零件的步骤如下。

1）选择"建模"→"创建新零件⧗"命令，将显示一个包含可以选择的所有原型类的窗口，如图 4-15 所示。

图 4-15 "新建零件"对话框

除非使用自定义，否则仅存在单个零件类型，并且不显示对话框。默认情况下，新零件嵌套在零件文件夹的根目录下。但是，如果在启动命令之前选择了复合零件，则新零件嵌套在所选节点下。

2）根据需要对零件进行建模。

3）选择节点并选择"结束建模"命令。

4）单击"保存"按钮，零件旁边出现锁定提示。

在研究中创建一个新的复合零件的步骤如下。

1）在对象树中选择所需的父节点，然后选择"建模"→"创建一个复合零件"命令，在选定节点下创建一个新节点，默认名称为 CompoundPart1。如果在启动命令之前没有做出选择，则新的复合零件嵌套在零件下。

2）将所需零件拖放或粘贴到新的复合零件中。

创建新资源的步骤如下。

1）选择"建模"→"组件"→"创建新资源⧗"命令，弹出"新建资源"对话框，其中包含可以选择的所有节点类型，如图4-16所示。

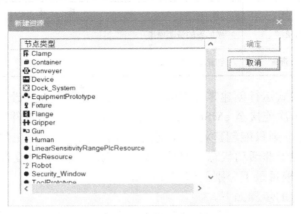

图4-16 "新建资源"对话框

2）选择要添加的节点类型，然后单击"确定"按钮。新节点以对象树的默认名称解锁显示。默认情况下，新资源嵌套在资源文件夹的根目录下。但是，如果在启动命令之前选择了复合资源，则新资源将嵌套在所选节点下。

3）根据需要对资源进行建模。

4）选择节点并选择"结束建模"命令。

5）单击"保存"按钮，完成新资源的创建。

在研究中创建新的复合资源的步骤如下。

1）在对象树中选择所需的父节点（复合操作），然后选择"建模"→"创建复合资源"命令，使用默认名称CompoundResource1在选定节点下创建新节点。如果在启动命令前没有做出选择，则新的复合资源嵌套在资源下。

2）将所需资源拖放或粘贴到新的复合资源中。

4.3 布局

4.3.1 快速放置

使用"快速放置"工具使鼠标只能沿线性X轴和Y轴移动对象或组。使用"快速放置"工具的步骤如下。

1）选择"GV工具栏"→"为组件选取级别"命令。

2）选择"建模"→"布局 "命令，图形查看器中的光标变为手状鼠标 。

3）根据需要选择并拖动对象或组到图形查看器中的新位置。当在图形查看器中拖动对象时，对象的X、Y和Z坐标将显示在手的下方，Z坐标始终为零。

4）当完成使用"快速放置"工具时，单击"选择"按钮将光标返回到其默认箭头 状态。

使用"快速放置"工具移动对象有时会扭曲它们的实际位置，因为它们不会沿着Z轴移动。为了在图形查看器中保持正确的视角，建议将视点更改为"顶端"。有关更多详细信息，请参阅 3.5 节"导航立方体"。仅当父组件处于建模模式时，快速布局才会对实体起作用；否则，即使选择了实体，"快速放置"工具也可以在组件上工作。

4.3.2 还原位置

使用"还原位置"工具可以将对象或组恢复到其相对于其父项的原始位置。对象的原始位置是对象在其第一次加载时相对于其父对象的位置。该命令可对零件和资源进行操作。

恢复对象的效果是不会将其子对象恢复到原始位置。任何子对象都会与还原的对象一起移动，并将其相对位置保存到还原对象的新位置中。如果要将子对象还原到与还原对象相关的原始位置，则必须专门还原子对象。还原对象也不会将其父对象还原到其原始位置。除非还原父对象，否则还原对象的父对象仍将保留在其当前位置。

"还原位置"选项仅在选择对象时启用。

没有办法知道对象当前是否在其原始位置。要检查某个对象是否位于其原始位置，可尝试恢复该对象。如果它移动了，那么表示它不在其原始位置。要取消试用，可在执行任何其他操作之前单击"撤销"按钮。

使用"还原位置"工具的步骤如下。

1）在图形查看器中选择一个或多个对象或在逻辑集合树查看器中选择一个组。

2）选择"建模组"→"还原位置❖"命令。当"还原位置"工具的单元格第一次加载时，选定的对象将返回到它们相对于其父对象的原始位置。工具功能详见表 4-2。

表 4-2　工具功能表

图　标	名　称	描　述
×⇥|	对齐 X	沿 X 轴正方向对齐所选对象
Y↗	对齐 Y	沿 Y 轴正方向对齐所选对象
Z↑	对齐 Z	沿 Z 轴正方向对齐所选对象
⊢×	对齐-X	沿 X 轴负方向对齐所选对象
Y↙	对齐-Y	沿 Y 轴负方向对齐所选对象
Z↓	对齐-Z	沿 Z 轴负方向对齐所选对象
□⊩□ ⬛	分布 X	沿 X 轴等距分布选定的对象
□⊩□ Y	分布 Y	沿 Y 轴等距分布选定的对象
□⊩□ Z	分布 Z	沿 Z 轴等距分布选定的对象

4.3.3 对齐 *XYZ*

可以通过选择对象并单击所需的对齐选项来沿轴对齐对象。如果想对齐对象，则最后一个选定对象的轴位置将决定对象沿选定轴的位置。确保"组件"显示为"主页"选项卡中的"为组件选取级别"。以下示例说明发出"沿 *X* 轴对齐位置"命令后三个对象的原始线性位置及其对齐位置。如表 4-3 及图 4-17 所示。

表 4-3 对齐 *XYZ* 数据表

对 象 名 称	原始线性位置	对 齐 位 置
Box 1	*XYZ*=(2, 5, 10)	*XYZ*=(7, 5, 10)
Box 2	*XYZ*=(3, 3, 5)	*XYZ*=(7, 3, 5)
Box 3	*XYZ*=(7, 1, 2)	*XYZ*=(7, 1, 2)

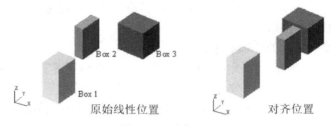

图 4-17 对齐 *XYZ*

4.3.4 分配 *XYZ*

可以通过选择对象并单击所需的分布选项来沿轴分配对象。分配对象由每个选定对象的位置值决定。如果想分配对象，则会添加所选轴的最高值和最低值，然后除以要分配的对象的数量，以确定对象沿轴放置的位置。确保"组件"显示为"主页"选项卡中的"为组件选取级别"。以下示例说明发出"分配 *Y* 轴位置"命令后三个对象的原始线性位置及其分配位置。如表 4-4 及图 4-18 所示。

表 4-4 分配位置数据表

对 象 名 称	原始线性位置	分 配 位 置
Box 1	*XYZ*=(2, 5, 10)	*XYZ*=(2, 5, 10)
Box 2	*XYZ*=(3, 2, 5)	*XYZ*=(3, 3, 5)
Box 3	*XYZ*=(7, 1, 2)	*XYZ*=(7, 1, 2)

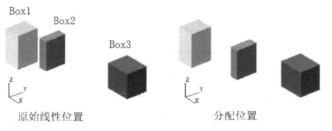

图 4-18 分配 *XYZ*

4.3.5 复制对象

使用"复制对象"命令可以复制选定对象的实例。

复制对象的步骤如下。

1）在图形查看器或对象树中选择一个对象。

2）选择"建模"→"复制对象 🖫"命令，弹出"复制"对话框，如图 4-19 所示。

图 4-19 "复制"对话框

3）在"复制"区域中，指定实例的数量并指定希望使用向上和向下箭头复制实例的轴，如下所示。

在"沿 X/Y/Z 轴的实例数"文本框中，输入每个轴所需的实例数。在"X/Y/Z 轴上的间距"文本框中，根据需要输入沿每个轴的重复实例之间的距离。可以通过将所选对象的长度与重复实例之间所需空间的距离一起添加，来计算"X/Y/Z 轴上的间距"文本框中所需的间距。

4）在预览区域中，可以通过勾选"预览"选项框进行选择是否预览复制对象。当勾选"预览"选项时，选定对象将显示为透明边界框，并将图形查看器中的重复实例显示为实体。

5）单击"确定"按钮，所选对象的重复实例显示在图形查看器和对象树中。每个重复的实例在原始选定对象的名称后面显示为"_#"锁定组件。

4.3.6 镜像对象

使用"镜像对象"命令可以创建组件的镜像副本。

该命令要求定义一个组件或复合组件（Process Simulate Standalone 不支持复合目标）作为创建新建模实体的目标范围。但是，如果将组件定义为"范围"，则 Process Simulate 会创建新实体，但不会创建新组件；或者，可以镜像对象本身，在这种情况下，不需要设定"目标范围"，所有的几何实体都可以被镜像，包括：确切的固体和表面 Tesselations（近似实体）曲线，主要是弧线和多段线点运动学，如果来源是运动学装置，则系统镜像装置的所有运动元素。所述镜像对象命令维护所有对象属性。镜像对象的名称与源对象的名称相同（假定目标中没有同名的对象)。该命令忽略图层和 PMI。镜像对象的步骤如下。

1）在图形查看器或对象树中选择要镜像的源对象。

2）选择"建模"→"布局"→"镜像对象 "命令，弹出"镜像对象"对话框，如图 4-20 所示。

图 4-20 "镜像对象"对话框

在上一步中选择的对象列在"要镜像的对象"列表中。在"镜像对象"对话框打开时，可以随时添加和删除对象。当选中"显示预览"复选框时，只要对话框处于打开状态，镜像对象的预览就会显示在图形查看器中。这可能会减缓"镜像对象"对话框和"图形查看器"对话框的弹出速度。如图 4-21 所示，镜像平面显示为透明浅蓝色矩形。预览也是透明的，并不在对象树中表示。

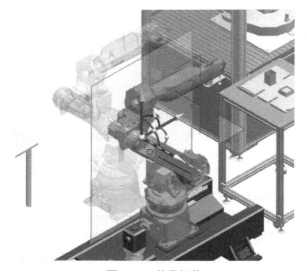

图 4-21 镜像操作

3）使用操控器（选中"显示操控器"时将显示）来调整镜像平面的位置。

4）可以使用以下工具来进一步调整镜像平面的位置，见表 4-5。

表 4-5　工具功能表

图　标	名　　称	描　　述
	对齐到 X 轴	将镜像平面与工作坐标的 YZ 平面对齐
	对齐到 Y 轴	将镜像平面与工作坐标的 XZ 平面对齐
	对齐到 Z 轴	将镜像平面与工作坐标的 XY 平面对齐
	对齐到点	将镜像平面与选定点对齐
	对齐到两点间的连线	将镜像平面对齐在图形查看器中选取的两个点的中心
	对齐到坐标系	将镜像平面与选定的坐标系对齐。该镜像平面穿过选定的坐标系的基部并垂直于 Z 轴
	对齐到曲面	将镜像平面法线与选定曲面对齐，使其与拾取位置处的平面原点对齐
	对齐到边	将镜像平面与在 2D 对象上拾取的点垂直对齐。方向是任意设定的
	调整镜面平面大小	调整镜像平面的大小到所选择的源的边界框对象在所述的定向反射镜平面中，否则不会在调整后的尺寸中添加注释

5）在"创建副本"区域中，可以选择"是"。目标范围可选择下列选项之一。

● 是。目标范围——创建新的镜像对象。在"对象树"中，选择要在其下创建新对象的范围。

● 否，镜像现有——对现有对象建模并将其更改为镜像副本。如果选择了单个源组件，则目标范围可能是组件或复合组件。如果为目标对象选择了组件或设备，Process Simulate 将为每个源对象创建新的原型（Process Simulate Standalone 不支持此功能）。如果选择了多个源实体，则目标范围必须是一个组件。如果选择了多个源组件，则目标范围必须是复合组件（Process Simulate Standalone 不支持复合目标）。

镜像对象必须属于目标对象下允许的对象类型。例如，镜像对象可能不会创建嵌套在零件下的资源。如果发生这种情况，Process Simulate 会提示出现以下警告：目标范围类型与镜像对象类型冲突。Process Simulate 能够镜像完整的设备根目录。

如果选择设备既是源范围又是目标范围，则 Process Simulate 仅镜像所选节点的实体，而不镜像其嵌套的实体。如果还希望镜像嵌套实体，则必须逐个节点执行此操作。

6）"镜像平面操控"区域，可以按照递增的步骤平移或旋转平面，如图 4-22 所示。

① 选择一个平移或旋转轴。

② 单击右箭头 ➡ 或左箭头 ⬅ 按钮将平面按预定距离或角度移动一步，如图 4-23 所示。

图 4-22　"镜像平面操控"对话框　　　图 4-23　平面按预定距离或角度移动操作

47

该文本框中的数字是镜像平面从其原点移开的距离。可以在 6 个自由度上平移和旋转镜像平面。

7）将光标放在"步长"超链接上，即可修改平移或旋转的步长。当其形状变为🖑时，单击以打开"步长"对话框，如图 4-24 所示。

根据需要修改平移步长（以 mm 为单位）或旋转步长（以°为单位）。

8）"平面位置"的区域为显示管理镜像平面的位置。可以通过单击此区域中的任何箭头来手动修改此选项，如图 4-25 所示。

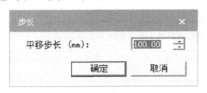

图 4-24 "步长"对话框

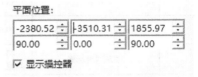

图 4-25 "平面位置"对话框

9）单击以激活"保留原始坐标系方向"复选框，以使镜像对象坐标系保留与原始对象坐标系相同的相对方向（对象）。

注意：与可以使用此选项控制的组件框不同，"镜像"不能控制自身坐标的位置，因为它是固定的，如果目标范围为空（无几何体/坐标），则"镜像"自身坐标位置为在保持方向的同时相对于源自身坐标移动。如果目标范围中有几何坐标，则新镜像对象的自身坐标会相对平移并旋转。

可以将目标范围定义为复合组件。Process Simulate 在保持方向的同时将新的自身坐标位置相对于源自身坐标移动。这与源组件的自身坐标系方向相同，其位置基于源自身坐标系位置和镜像平面。对于 Process Simulate Standalone，目标范围是一个已经包含几何坐标的现有组件。

10）单击"确定"按钮，Process Simulate 将根据对话框设置创建镜像对象。

4.3.7 创建坐标系选项

坐标标记工作单元中的组件，主要用于标记人体模型和机器人之间未来交互的位置。

创建坐标能够设计和规划工作区的布局。例如，如果当前正在对将要用于未来仿真操作的组件进行建模，并且知道该操作的计划交互以及它们将在工作单元中发生的位置，则可以创建坐标系，并在适当的时间通过该坐标系在操作中插入交互。

创建坐标系选项与相应的坐标选项按钮的弹出式工具栏，见表 4-6。

表 4-6　坐标功能表

图　标	名　称	描　述
	用 6 值创建坐标系	通过指定 X、Y 和 Z 轴以及旋转 X、Y 和 Z 轴来创建坐标
	通过 3 点创建坐标系	通过指定任意 3 点来创建坐标
	通过圆心创建坐标系	通过指定圆周上的任意 3 个点来创建坐标
	通过两点创建坐标系	通过指定两个特定点之间的距离创建坐标

4.3.8 通过 6 值创建坐标系

通过 6 值创建一个坐标系，可以通过指定 X、Y 和 Z 轴以及旋转 X、Y 和 Z 轴来指定参考坐标或目标坐标的确切位置。

通过 6 值创建一个坐标系的步骤如下。

1）选择"建模"→"创建坐标系"→"6 值创建坐标系 $\cancel{\text{ }}$"命令，弹出"6 值创建坐标系"对话框，如图 4-26 所示。

可以通过定义坐标的位置、方向或两者来指定坐标的位置。

2）如果希望仅按位置或方向指定坐标系的位置，可单击"位置"或"方向"按钮。

3）通过单击图形查看器中的"位置"来指定所需的坐标位置。X、Y 和 Z 轴坐标显示在"相对位置"区域中，也可以通过在"相对位置"区域中输入坐标来指定位置。

4）如果需要，可使用"相对位置"区域中的向上和向下箭头微调坐标的位置，以调整 X、Y 和 Z 轴坐标。

5）使用"相对方向"区域中的向上和向下箭头指定所需的坐标方向，以调整 Rx、Ry 和 Rz 坐标。坐标的位置在 6 值坐标对话框中是动态的，这意味着所选坐标的位置会立即反映在图形查看器中。

6）当希望指定坐标系的位置相对于单元格中的其他坐标创建坐标时，可从"参考"下拉列表中选择参考坐标；也可以通过单击"参考"下拉列表右侧的"参考坐标" $\cancel{\text{ }}$ 按钮旁边的下拉箭头，并使用所列 4 种可用方法（即表 4-6 中所列）之一指定坐标的位置来创建一个临时替代参考坐标。

7）单击"确定"按钮，关闭"6 值创建坐标系"对话框。新坐标显示在图形查看器和对象树中，默认名称为 fr#（#为所创建坐标的个数）。

4.3.9 通过 3 点创建坐标系

通过 3 点创建一个坐标，可以通过指定任意 3 点来指定参照坐标或目标坐标的确切位置。当需要在平面上创建一个坐标时，这种方法很有用。

通过 3 点创建坐标系的步骤如下。

1）选择"建模"→"创建坐标系"→"3 点创建坐标系 $\cancel{\text{ }}$"命令，弹出"通过 3 点创建坐标系"对话框，如图 4-27 所示。

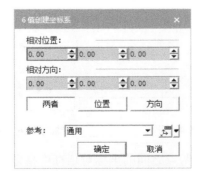

图 4-26 "6 值创建坐标系"对话框

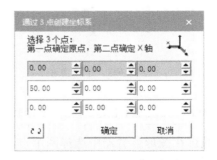

图 4-27 "通过 3 点创建坐标系"对话框

2）通过在图形查看器中选择 3 个点来定义一个平面，或者通过在三维坐标对话框中为 3 个点指定 X、Y 和 Z 坐标，第一点确定坐标的原点，第二个点确定 X 轴位置，第三个点确定 Z 轴位置。坐标系的位置在图形查看器中动态地反映出来。如果需要，单击 📷 图标以在其 Z 轴上沿相反方向翻转坐标。

3）单击"确定"按钮，关闭"通过 3 点创建坐标系"对话框。新坐标显示在图形查看器和对象树中，默认名称为 fr#。

4.3.10　通过圆心创建坐标系

用圆心创建一个坐标系，可以通过指定圆周上的任意 3 个点来指定参考坐标或目标坐标的确切位置，圆的中心是自动计算的。如果希望在圆柱体顶部创建坐标，这种方法非常有用。

通过圆心创建坐标系的步骤如下。

1）选择"建模"→"创建坐标系"→"圆心创建坐标系 📷"命令，弹出"通过圆心创建坐标系"对话框，如图 4-28 所示。

2）在圆周上指定 3 个点，可以在"图形查看器"中选择圆上的 3 个点，或者在对话框中输入每个点的 X、Y 和 Z 轴位置。圆的中心点是自动定义的，坐标系的位置会在图形查看器中动态地反映出来。坐标的方向为：Z 轴垂直于由 3 点定义的平面，并且坐标上 X 轴的方向将在第一点的方向上。如果需要，单击 📷 图标以在其 Z 轴上沿相反方向翻转坐标。

3）单击"确定"按钮，关闭"通过圆心创建坐标系"对话框。新坐标显示在图形查看器和对象树中，默认名称为 fr#。

4.3.11　通过两点创建坐标系

在两点之间创建一个坐标系能够通过指定两个特定点之间的距离来指定参考坐标或目标坐标的确切位置。

在两点之间创建坐标系的步骤如下。

1）选择"建模"→"创建坐标系"→"2 点创建坐标系 📷"命令，弹出"通过 2 点创建坐标系"对话框，如图 4-29 所示。

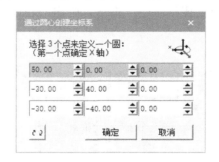

图 4-28　"通过圆心创建坐标系"对话框

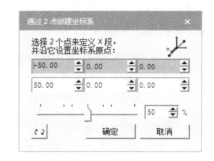

图 4-29　"通过 2 点创建坐标系"对话框

2）通过在图形查看器中选择两个点，或通过在两点之间的坐标对话框中指定两个点的坐标来定义一个线段。

3）用以下方法之一定义坐标创建的两个指定点之间的距离：①拖动滑块，在文本框中手动输入一个值；②使用向上和向下箭头指定所需的距离。默认情况下，指定点之间的距离就在两个指定点之间。坐标系的位置在图形查看器中动态地反映出来。如果需要，单击 图标可以在其 Z 轴上沿相反方向翻转坐标。

4）单击"确定"按钮，关闭"通过 2 点创建坐标系"对话框。新坐标显示在图形查看器和对象树中，默认名称为 fr#。

4.3.12　实体创建选项

使用创建实体命令，可以在组件中创建三维物体。可以创建的基本实体及实体操作表见表 4-7、表 4-8。

表 4-7　实体创建表

图　标	名　称	描　述
	创建立方体	可以创建盒形对象
	创建圆柱体	可以创建圆柱体对象
	创建圆锥体	可以创建圆锥体对象
	创建球体	可以创建球体对象
	创建圆环体	可以创建圆环体对象

表 4-8　实体操作表

图　标	名　称	描　述
	拉伸	可以将平面（曲线或曲面）对象展开为 3D 对象。2D 对象的点必须在同一平面中
	旋转	可以围绕选定的轴旋转直线（2D 对象）并创建 3D 对象
	缩放	可以更改所有尺寸的 3D 对象的大小
	两点间缩放对象	可以使用边界框修改所选对象的尺寸
	求和	可以联合两个 3D 对象来创建新对象
	求差	可以从一个 3D 对象中减去另一个 3D 对象的体积
	相交	可以提取已连接的 3D 对象的相交段

这些命令仅适用于精确的几何图形，且需注意必须激活建模模式才能创建 3D 对象。激活建模模式请参阅 4.1 节"设置建模范围"。

4.3.13　创建折线、曲线和弧线

"创建曲线"命令能够在组件内创建折线、曲线和弧线。在对组件建模时，可以创建二维（2D）对象和三维（3D）对象（在三维实体创建选项中进行说明）。根据需要，这些对象可以是组件中的单个对象，也可以是与其他对象集成的对象。

必须激活建模模式才能创建 2D 对象。这些命令仅适用于精确的几何图形。"创建曲线"选项包括以下子选项，见表 4-9。

表 4-9 曲线创建表

图 标	名 称	描 述
	创建多段线	能够创建由一系列连接线组成的对象
	创建圆	可以创建由平面曲线组成的对象，该对象与给定的固定点（即中心）等距
	创建曲线	能够创建由一系列曲线组成的对象
	创建圆弧	能够创建由一系列曲线段组成的对象
	倒圆角	能够在两条曲线的交点处创建圆角
	倒斜角	能够在多段线上创建倒角
	合并曲线	能够将两条（或更多条）曲线合并为一条线
	在相交处拆分曲线	能够在物体与曲线相交的点处分割曲线
	边界上的曲线	能够创建一条跟踪曲面或实体边界的曲线
	相交曲线	可以创建曲线，以跟踪两个曲面、两个实体或曲面和实体的交点
	投影曲线	能够将曲面或实体投影来创建曲线
	偏置曲线	能够基于现有曲线创建偏移曲线

4.3.14 在曲线上创建圆角

当用圆弧替换两条曲线的交点时，会创建出圆角。使用此功能可以在同一平面内的两条相交曲线之间创建圆角。圆角在指定的两条曲线之间延伸，并具有指定的半径。该函数将创建一条新曲线作为当前打开的组件的子对象进行建模。新对象是源曲线和圆角的合并，放弃了源曲线中不需要的部分，如图 4-30 所示。

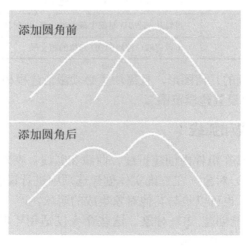

图 4-30 曲线上圆角的创建

在两条曲线之间的交点处，有四个象限可以创建圆角。选择曲线时，曲线的拾取点定义了要创建圆角的象限。图 4-31 显示了这些曲线的拾取点以及这些拾取点之间的象限中的最终圆角。

创建圆角的步骤如下。

1）选择"建模"→"曲线"→"倒圆角 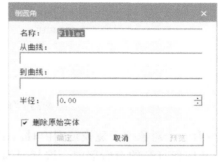"命令，弹出"倒圆角"对话框，如图 4-32 所示。

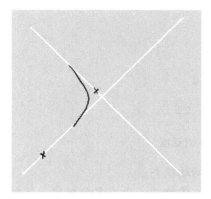

图 4-31　圆角的呈现　　　　　　　　图 4-32　"倒圆角"对话框

2）输入新曲线的名称或接受默认名称。默认名称是 Fillet。如果此名称已存在，则会添加数字后缀。

3）单击"从曲线"下文本框处并在图形查看器中选择一条曲线。当单击一条曲线时，只是选择一个对象。该图形查看器则会标志着有星号的选择，但是没有选择圆角的确切位置（这是在"半径"文本框中由用户修复的半径创建的）。

4）单击"到曲线"下文本框处并在图形查看器中选择另一条曲线。

5）键入圆角的半径（圆弧）。

6）如果希望删除原始曲线，可选中"删除原始实体"。默认情况下，原始曲线将被删除。

7）如果不确定自己的设置是否满意，可单击"预览"按钮。预览是临时显示，只有在对结果满意后才能存储更改。

8）单击"确定"按钮。

4.3.15　创建 2D 轮廓

当工业制造商需要将项目中的设备或部分设备复制到其他地点时，布局规划的准确性是一个关键因素。布局规划应用程序使用现有工厂的 3D 数据"展平"的 2D 轮廓，包括零件和复合零件、资源和复合资源、扫掠体积以及任何具有可视 3D 表示的对象。

"创建 2D 轮廓"命令允许选择所有相关对象，并为指定的平面上的每个对象创建轮廓。这对计算物体所需的地面空间（XY 平面）或其到达的高度（XZ 或 YZ 平面）非常有用。

创建 2D 轮廓的步骤如下。

1）选择"建模"→"几何体"→"创建 2D 轮廓 "命令，弹出"创建 2D 轮廓"对话框，如图 4-33 所示。

图 4-33 "创建 2D 轮廓" 对话框

至少有一个对象位于建模范围内时, 该命令处于活动状态。

2) 从任何打开的查看器中, 选择要为其创建 2D 轮廓的一个或多个对象。任何预选对象都会自动显示在对话框的 "对象" 列表中。若没有选中任何内容, 对话框将打开并显示一个空列表。打开对话框后, 可以添加或删除对象。

3) "建模范围" 文本框中包含当前模拟的一部分, 但可以改变任何其他已建模的零件。新的 2D 轮廓是在本部分的 "建模范围" 内创建。

4) 可以选择投影 2D 轮廓的平面。默认情况下, 该命令在 XZ 平面上投影轮廓, 但可以单击其他任一个选项来更改投影平面。在创建轮廓之前, 系统绘制平面时能够看到其面积和角度, 如图 4-34 所示。

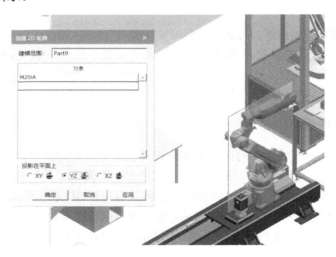

图 4-34 2D 轮廓的平面

5) 单击 "应用" 按钮以创建 2D 轮廓, 并打开 "创建 2D 轮廓" 对话框创建其他轮廓, 或单击 "确定" 按钮创建轮廓并关闭对话框, 如图 4-35 所示。

图 4-35　2D 轮廓创建完成

6）以下是使用复合零件和复合资源的命令使所有子 2D 轮廓统一的结果。
复合组件内的所有组分都被选中时，如图 4-36 所示。

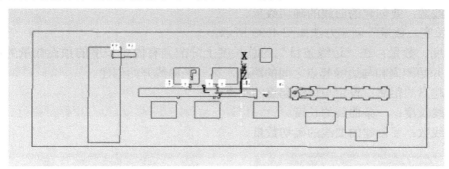

图 4-36　复合组件内的所有组分都被选中

仅选择复合组件时，如图 4-37 所示。

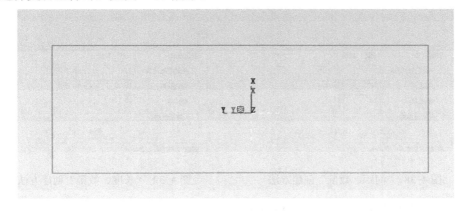

图 4-37　仅选择复合组件

当选择多个 2D 轮廓的对象时，它们之间不会创建逻辑关系。大型物体的轮廓计算可能是耗时的，但是使用 64 位的计算机可能会获得更快的速度。

4.3.16　由边创建虚曲线

通过"由边创建虚曲线"命令可以有效减少建立 MGFS（连续制造特征）曲线所需的时间。该命令可从"建模"选项卡的"特殊曲线"中获得。该命令可创建基于边缘的虚线，并提供了以下几种方法来定义曲线：

①长度和间距；②长度和数量；③间距和数量；④长度、间距和数量。

可以在单个或多个连续边上创建自定义虚线。可以轻松地将生成的曲线转换为连续工艺，以便用于各种焊接工艺的需求。

创建虚曲线的方法如下。

1）"间距、数量"创建方法如图 4-38 所示。

- 间距、数量：创建一个预定义数量的曲线，它们之间有预设距离。曲线长度根据边缘条目的总长度计算。
- 与起点的距离：设定与边缘起点的距离。
- 间距：虚曲线之间的距离。
- 曲线数：要创建的曲线的确切数量。

2）"长度、数量"创建方法如图 4-39 所示。

- 长度、数量：在"边缘条目"的总长度上分配具有固定长度的预设数量的曲线。设定开始距离和与边缘起点之间的距离，第一条曲线开始创建。
- 与起点的距离：设定与边缘起点的距离。
- 曲线长度：一条曲线的长度。
- 曲线数：要创建的曲线的确切数量。

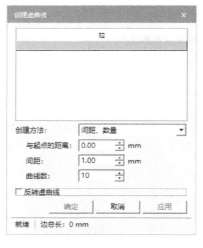

图 4-38　"间距、数量"创建方法

图 4-39　"长度、数量"创建方法

3）"长度、间距"创建方法如图 4-40 所示。

- 长度、间距：在边缘条目的长度上添加尽可能多的曲线，因为边缘的总长度允许。

这些曲线具有预定的长度和间距。

- 与起点的距离：设定与边缘起点的距离。
- 曲线长度：一条曲线的长度。
- 间距：虚曲线之间的距离。

4）"长度、间距、数量"创建方法如图4-41所示。

- 长度、间距、数量：在边缘条目的长度上创建预定数量的具有固定长度和间距的曲线。
- 与起点的距离：设定与边缘起点的距离。
- 曲线长度：一条曲线的长度。
- 间距：虚曲线之间的距离。
- 曲线数：要创建的曲线的确切数量。

图4-40 "长度、间距"创建方法

图4-41 "长度、间距、数量"创建方法

在选择有效边缘和配置后，虚曲线预览会自动显示在图形查看器中。状态栏中列出了所选边缘的总长度。若选择"反转虚曲线"，则会反转虚曲线创建的方向。从"边"列表中选择的条目将会在图形查看器中突出显示。这些条目可以被删除，或者通过选择另一条边来替换。

4.3.17 创建等参数曲线

创建等参数曲线的步骤如下。

1）选择一个零件。该零件必须在建模范围内。零件如果不在建模范围内，可在"设置建模范围"里设置。

2）选择"建模"→"特殊曲线"→"创建等参数曲线⌖"命令，弹出"创建等参数曲线"对话框，如图4-42所示。

"范围"后的文本框将填充选定部分的名称。

3）在图形查看器中，选择一个零件面，所选面必须具有精确的几何形状。图形查看器显示从该面一端到另一端的+U方向的前导曲线，如图4-43所示。

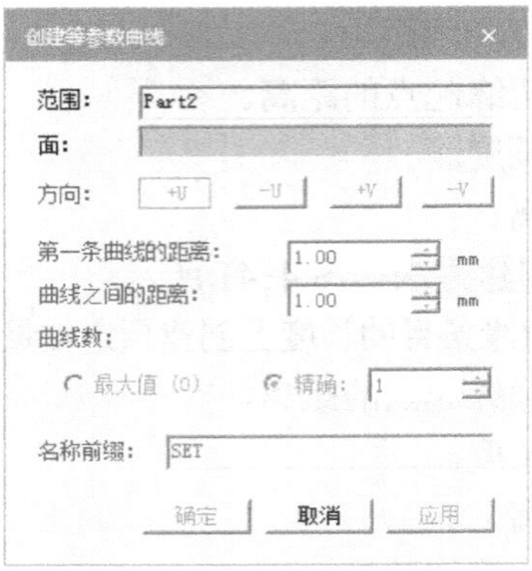

图 4-42 "创建等参数曲线"对话框

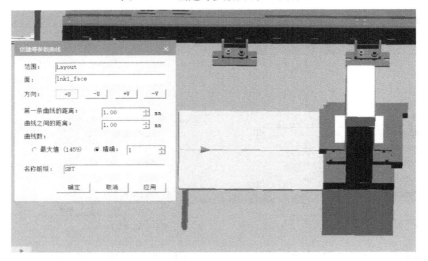

图 4-43 创建等参数曲线

可以将前导曲线设置为以+U、-U、+V或-V方向运行，如图 4-44 所示。

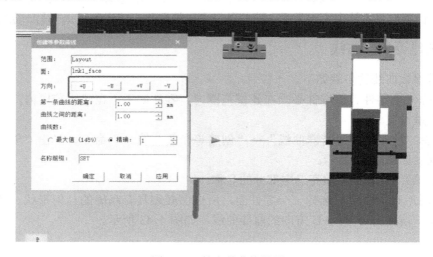

图 4-44 等参数曲线设置

4）在"第一条曲线的距离"微调按钮中，设置从曲面边缘到创建第一条曲线（曲线块）的点的距离。该距离沿着前导曲线测量。

5）在"曲线之间的距离"微调按钮中，设置块中曲线之间的距离。该距离沿前导曲线测量，并且在所选表面上的所有点处不是恒定的。

6）在"曲线数"选项组中，选择下列其中一项来控制块中的曲线数量。

● 最大值：当应用这个设置时，Process Simulate 将从第一条曲线的距离到结束边缘创建曲线。这是曲线的最大可能数量。曲线的数量显示在"最大值"后的括号中。

● 精确：当应用这个设置时，Process Simulate 会精确创建请求的曲线数量。

在设置参数时，图形查看器会相应地更新预览，如图 4-45 所示。

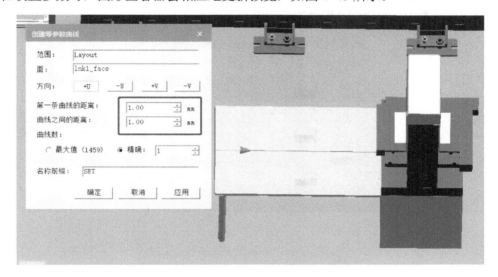

图 4-45 等参数曲线的更新预览

如果设置了无效的参数组合，则非法参数将以红色突出显示，并且不会显示预览。

7）默认情况下，名称前缀一般设置为 SET_，即可根据需要进行编辑。该曲线块按照以下惯例命名：<名称前缀> _ <第一条曲线的距离> _ <曲线之间的距离> _ <曲线的数>，如有需要可添加数字后缀以保证名称的唯一性。块中每条曲线的名称是：<块名称>_curve_<数字后缀>。

8）单击以下任一项来运行该命令。

● 确定：Process Simulate 创建一组曲线并关闭"创建等参数曲线"对话框。

● 应用：Process Simulate 创建一组曲线，"创建等参数曲线"对话框保持打开状态，并且"确定"和"应用"按钮均被禁用，可以选择要在其上创建等参数曲线（或同一面上的另一个曲线块）的另一面。在"创建等参数曲线"对话框中更改任何值后，"确定"和"应用"按钮均已启用。此时先前的曲线将不被保留。

该命令还可创建一个嵌套在对象树中选定部分下的新块。该块被命名为<名称前缀>_<第一条曲线的距离>_<曲线之间的距离>_<曲线的数量>_<数字后缀>，并且曲线将嵌套在新块之下。

4.3.18 运动学创建

下面介绍如何使用运动学编辑器和运动学组件。

运动组件是最简单的装置，而机器人则是由多个复杂运动组件组成。操作者可以操纵设备或机器人来模拟工作环境中的任务。该运动学编辑命令是一个建模工具，可以定义组件的运动。在为所选组件定义运动学时，将创建一个连杆和关节的运动链，以使组件能够移动。默认情况下，"运动学编辑器"命令被禁用，直到选择了一个组件。可以创建一个新的组件，然后选择它（在描述的新建零件和创建新的资源里），也可以选择现有的组件图形查看器或对象树。选择组件后，可以选择已启用的运动学编辑器命令。在图 4-46 所示的"运动学编辑器"对话框中，可以定义组件的运动学。

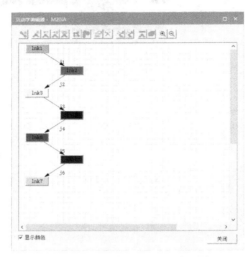

图 4-46 "运动学编辑器"对话框

在"运动学编辑器"对话框中定义的不同关节依赖关系表示如下。
- 用虚线绘制一个依函数关联的函数，并在工具提示中标识该函数。
- 一个连杆关节用虚线画出，其前导关节与其跟随因素一起在工具提示中标识。
- 以虚线绘制下一个关节，并在工具提示中标识其关节及其跟随因素。

运动学编辑器的工具栏中提供以下按钮，见表 4-10。

表 4-10 运动学编辑器工具栏

图 标	名 称	描 述
	创建链接	定义和创建链接
	建立关节	定义和创建关节
	反向关节	保持父子链接并更改关节的方向
	将当前关节值设置为零	如果运动学编辑器中有链接，则此函数通过编译将当前关节值设置为零位置；Process Simulate 在执行命令之前会提示。如果没有链接，则禁用该功能
	关节依赖关系	定义关节的依赖关系

图　标	名　称	描　述
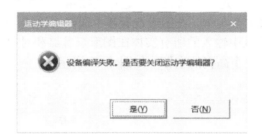 创造曲柄	创造曲柄	定义和创建曲柄
	属性	查看和修改现有的关节属性
	删除	删除选定的链接和关节
	设置基准坐标系	为组件指定基础坐标
	设置工具坐标系	为组件创建工具坐标
	放大	放大"运动学编辑器"中的图像
	缩小	缩小"运动学编辑器"中的图像

有关为组件创建运动学的信息，请参阅 4.3.19 节"定义运动学"。如果为机器人定义了 6 个以上的 DOF（自由度）（例如，加载辅助设备），则在退出"运动学编辑器"时，Process Simulate 会显示以下消息，如图 4-47 所示。

图 4-47　提示对话框

单击"是"按钮继续，Process Simulate 将应用特殊的逆算法。

只有默认的机器人控制器才支持特殊的反解。

对于具有 6 个以上自由度的机器人或设备，锁定一个或多个关节通常很有用。可以直接在"关节属性"对话框中勾选"锁定关节"，但在计算反向运动时，机器人或设备仍保持当前的连接值。这减少了冗余解决方案的数量，并能够在密集的工作环境中控制设备。例如，使用负载辅助设备（定义为机器人）将座椅安装在车厢内时。有关如何锁定关节的信息，请参阅 4.3.19 节。

复合设备不支持特殊的反解。但是负载辅助装置可与各种工具一起使用，例如关节调整：创建一个带有"joint_vel_prof all rect_prof;"条目的 motionparameters.e 文件，并将其放置在设备操作的 Load Assist .cojt 文件夹中。

4.3.19　定义运动学

定义组件的运动学过程需要创建连杆和关节的运动链。运动链的顺序由连杆关系建立。按照顺序，父连杆在子连杆之前。当父连杆移动时，子连杆定义如下：在运动链中，连杆的数量比关节的数量多一个。例如，如果有 6 个关节，则会有 7 个连杆。

一旦组件具有定义的运动特性，就可以创建一个设备或机器人。设备是定义了运动学的组件；机器人是定义了工具框的设备。使用运动学编辑器可以创建连杆、关节和曲柄，并添加基础坐标和工具坐标，如下所示。

（1）创建连杆

创建连杆是定义组件运动学的第一阶段。连杆是运动链中位置基本保持不变的部分。要正确地定义一个带有运动学的组件，必须确保其所有实体都已包含在连杆中。在"模拟仿真"状态中，在"运动学编辑器"中创建的每个连杆都会通过系统中预定义的颜色高亮显示。连杆的父/子层次结构决定连杆的顺序。

在开始创建连杆之前，必须选择一个组件来启用"运动学编辑器"选项。

创建连杆的步骤如下。

1）选择"机器人"→"运动学设备"→"运动学编辑器 🛠"命令。

显示运动学编辑器时，选取级别会自动更改为实体选取级别。

2）在"运动学编辑器"中，单击 🖌 图标。带默认名称 lnk1 的连杆在运动学编辑器中显示为一个小矩形，并弹出"连杆属性"对话框，如图 4-48 所示。

3）在"名"文本框中，输入第一个连杆的名称。

4）在"连杆单元"的"元素"列表中，选择要在第一个连杆中指定的图形查看器或对象树中所选组件的一个或多个实体。在图形查看器中选择实体时，光标变为 ＋。

在"连杆属性"对话框中输入的所有实体在图形查看器和对象树中突出显示。在添加到元素列表后，系统会添加一个高亮的空行，如图 4-49 所示。

图 4-48 "连杆属性"对话框

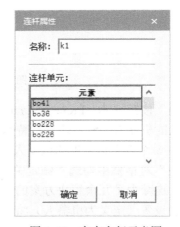

图 4-49 高亮空行示意图

在"元素"列表中选择一个实体以在图形查看器中将其突出显示，如图 4-50 所示。

5）单击"确定"按钮，第一个连杆在"运动学编辑器"中以系统定义的颜色创建并高亮显示，默认名称将替换为第一个连杆选择的名称，如 lnk#。

建议选择"运动学编辑器"底部的"显示颜色"复选框，以显示不同颜色的连杆，使得在创建和编辑具有运动学的组件时可以更轻松地识别连杆。

6）重复步骤 2）～5），根据需要创建更多连杆。建议将所选组件的所有实体包含在连杆中，如图 4-51 所示。

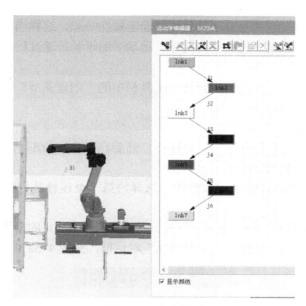

图 4-50 突出显示

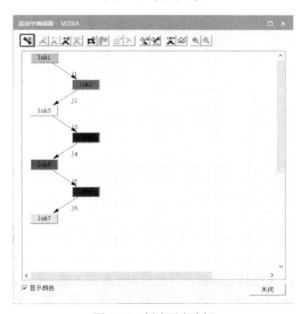

图 4-51 创建更多连杆

可以通过选择所需的链接并单击×图标来删除连杆。在为所选组件定义连杆之后，可以定义和创建将连杆连接在一起的关节，如下所述。

（2）创建关节

创建关节是定义组件运动学的第二阶段。一个"关节依赖关系"连接两个连杆。

有以下两种类型的关节。

1）旋转关节：围绕轴旋转。

2）移动关节：沿轴线线性移动。

多个连杆可以通过父连杆独立于其他连杆而连接在一起，这样当父连杆移动时，它会影响所连接的所有连杆的移动，这被称为闭环。运动学编辑器是通过程序来识别闭环，并将其作为单个单元进行移动。

当只有一个连杆时，"运动学编辑器"工具栏中的"创建关节"将被禁用，直到创建并选择两个连杆。

创建关节的步骤如下。

1）在"运动学编辑器"中选择一个连杆，然后在按住〈Ctrl〉键的同时选择另一个连杆。此时，创建关节功能已启用。

选择连杆的顺序决定了父/子层次结构。选择的第一个连杆是父连杆，选择的第二个连杆是子连杆。

2）在"运动学编辑器"中，单击 图标。带有默认名称 j1 的箭头显示在"运动学编辑器"的两个选定连杆之间，并弹出"关节属性"对话框，如图4-52所示。

图4-52　"关节属性"对话框

3）在"名"文本框中，输入关节的名称。默认情况下，为每个组件创建的第一个关节名为j1。

4）通过定义两个端点来为"关节依赖关系"创建一个轴，可通过以下方式之一指定轴的一个端点的位置：在图形查看器中单击一个位置（光标在图形查看器中选择点时变为十）。单击所需的 X、Y 或 Z 坐标文本框，并使用向上和向下箭头指定位置。

单击所需的 X、Y 或 Z 坐标文本框并手动输入一个位置。轴的第一个端点创建并显示在图形查看器中。

在图形查看器中选择关节轴点时，需仔细设置选取意图。选择端点时，建议使用"显示"功能，以更好地在图形查看器中查看位置点。单击"到"并使用以下方式之一指定轴另一端点的位置：①在图形查看器中单击一个位置（当在图形查看器中选择点时，光标变为十）；②单击所需坐标的文本框，并使用向上和向下箭头指定该坐标的确切位置；③单击所需坐标的文本框并手动输入该坐标的位置。

轴的第二个端点被创建并显示在图形查看器中。默认的方向是从第一点到第二点。

5）如果希望将关节配置为锁定，可以在"关节属性"对话框中直接勾选"锁定关节"

复选框，但在计算反向运动时，它仍保持当前的连接值。

6）在"关节类型"下拉列表框中，通过选择"旋转"或"平移"来定义关节的类型，如下所示。

旋转：绕指定的轴旋转关节。

移动：沿指定的轴线线性移动关节。

7）要指定关节的更多详细信息，可单击"展开" ▼ 图标。该内容在"关节属性"对话框中展开，如图 4-53 所示。

图 4-53 "关节属性"对话框

8）要指定关节的移动限制，可在"限制类型"下拉列表框中选择"常数"，并在"上限"和"下限"文本框中输入上限和下限。可以在"选项"对话框中指定单位和范围，见表 4-11。

表 4-11 关节移动和旋转的范围

关节移动和旋转	范 围
移动上限范围	−999999～999999mm
旋转接头范围	−999999°～999999°
移动下限范围	−999999～999999mm
旋转接头范围	−999999°～999999°

如果在"限制类型"下拉列表中选择"无限制"，则不会指定运动限制，并且关节可以围绕选定的轴连续旋转，也可以沿着选定的轴线线性连续地前后移动。如果在"限制类型"下拉列表框中选择"变量"，则可以通过设置其变量极限来限制前导和后续关节的运动范围。单击打开"变量关节值 ⚙"对话框，如图 4-54 所示。

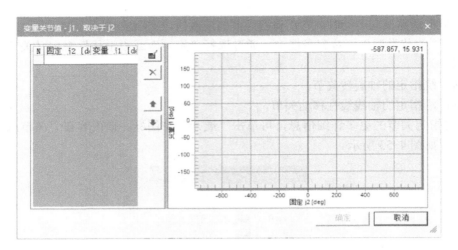

图 4-54　"变量关节值"对话框

单击 图标以设置/编辑图形的点和线条的表示形式/颜色以及图形区域本身。

当选择"旋转"作为关节类型时，极限值以°显示。当选择"移动"作为关节类型时，极限值以 mm 显示。要查看图形查看器中指定的限制，必须在"选项"对话框的"动作"选项卡中勾选"限制"复选框。

9）在"速度"文本框中，对于移动关节类型，输入一个 0.001～999999mm/s 范围内的值，对于"旋转"关节输入 0.001～999999°/s 范围内的值。

10）在"加速度"文本框中，为移动关节输入关节加速度的值，范围为 0.001～999999mm/s^2，"旋转"关节的平均值为 0.001～999999°/s^2。

上述的距离可根据选项（"单位"选项卡）中的线性/角度单位进行更改，在"速度"文本框中，"移动"关节的单位为 mm/s，"旋转"关节的单位为°/s；在"加速度"文本框中，"移动"关节的单位为 mm/s^2，"旋转"关节的单位为°/s^2。

11）单击"确定"按钮，关节创建并显示为一个箭头，从父链接开始并结束于"运动学编辑器"中的子链接。可以通过单击 图标来反转选定关节的方向。如果要查看指定的关节移动，可单击"关节调整" 按钮，在弹出的"关节调整"对话框中查看指定关节的移动，如图 4-55 所示。

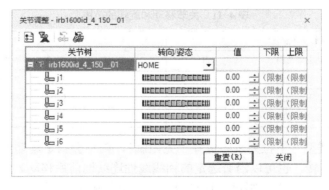

图 4-55　关节调整

12）重复步骤 2）～10），直到组件的所有连杆都与关节连接，可根据需要创建多个关节。可以通过选择所需的关节并单击✕图标来删除关节。

在为组件定义和创建链接和关节后，它就成为一个设备。现在可以向设备添加一个基本坐标和一个工具坐标。

当选择图形查看器或对象树中的设备时，将启用仅适用于设备和机器人的其他命令。

4.3.20 创建曲柄

运动学编辑器能够使用简单的向导来定义曲柄。曲柄是由多个独立关节和 4 个（通常情况）连杆组成的闭合运动循环机构，这些运动循环机构连接在一起。

Process Simulate 支持以下曲柄类型。

1）四连杆机构：由 4 个连杆和 4 个旋转连杆组成的曲柄，其中只有一个是独立的（也称为 RRRR），如图 4-56 所示。

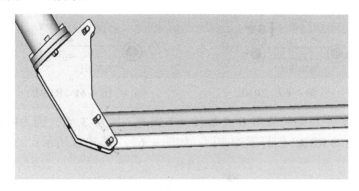

图 4-56　四连杆机构

2）滑块：由 3 个旋转关节和 1 个移动关节组成的曲柄，例如气动活塞，如图 4-57 所示。

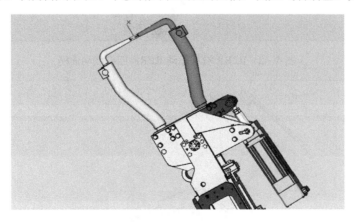

图 4-57　气动活塞

RRRR 由带 4 个旋转关节的四连杆机构（无移动关节）组成，如图 4-58 所示。

滑块由 1 个移动关节和 3 个旋转关节组成。有 3 种滑块配置，它们的输入（驱动）连杆和固定连杆的相对位置不同，如下所示。

① RPRR 滑块，如图 4-59 所示。

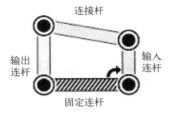

图 4-58　RRRR

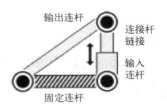

图 4-59　RPRR

② PRRR 滑块，如图 4-60 所示。

③ RRRP 滑块，如图 4-61 所示。

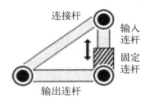

图 4-60　PRRR

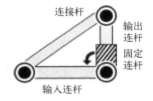

图 4-61　RRRP

3）3 点：由 1 个移动关节和 6 个旋转关节组成（称为 3 点，因为固定连杆上有 3 个点）。RPRR 滑块驱动 RRRR 四杆联动曲柄，如图 4-62、图 4-63 所示。

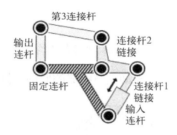

图 4-62　RPRR 滑块驱动 RRRR 四杆联动曲柄

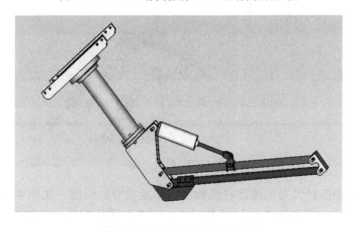

图 4-63　RRRR 四杆联动曲柄

可使用向导来创建曲柄，该向导将逐步引导完成整个过程，包括选择要定义的曲柄类型、每个曲柄连杆的坐标以及与曲柄连杆相关联的实体。

曲柄包括以下连杆。

- 固定：未定义曲柄的关节移动的连杆。它可以通过在不同的运动结构中（包括在另一个曲柄中）定义的关节来移动。
- 输入：由独立关节移动的输入连杆。
- 连接杆和输出：连杆完成运动结构的相关关节（三点曲柄有 3 个连接杆关节）。

创建一个曲柄的步骤如下。

1）在"运动学编辑器"中，单击图标显示"创建曲柄"向导，如图 4-64 所示。

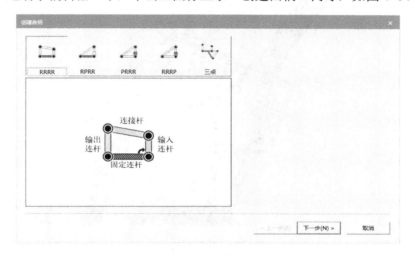

图 4-64 创建曲柄向导

2）单击所需曲柄类型的图标，然后单击"下一步"按钮，或双击该图标，将显示曲柄连接页面，如图 4-65 所示。

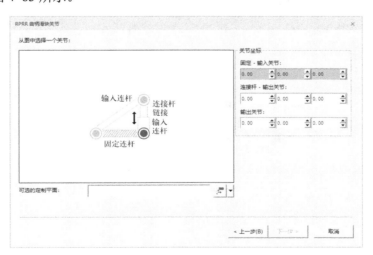

图 4-65 曲柄连接

3）可以顺序设置关节的值（以 **RPRR** 为例）。

① 最初，固定-输入连杆处于活动状态。在图形查看器中选择一个点或对象，或在对象树中选择一个对象，或者直接在该文本框中输入 *X*、*Y* 和 *Z* 坐标。所选坐标记录在右侧的"关节坐标"区域中。连接杆输出接点变为有效。

② 选择一个点或对象，记录坐标并且输出关节变为活动状态。

③ 选择一个点或对象，记录坐标；也可以单击曲柄图中的任意关节来设置其值，选定的关节显示为绿色。在设定任何关节的值之后，该关节在曲柄图中以黑色显示。曲线引导线在图形查看器中以蓝色显示，并且关节由蓝色的+（加号）符号表示，如图 4-66 所示。

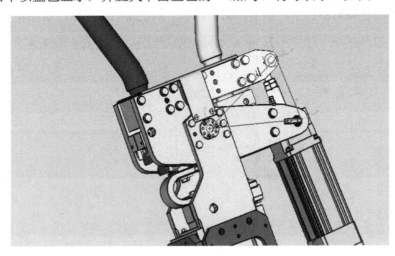

图 4-66　曲柄图的显示

4）在某些情况下，可能需要将曲柄对准曲柄设计的零件平面中的位置。为了帮助做到这点，可以单击"可选的定制平面"后的图标并选取曲面（或坐标）。可选的定制平面显示在图形查看器中，如图 4-67 所示。

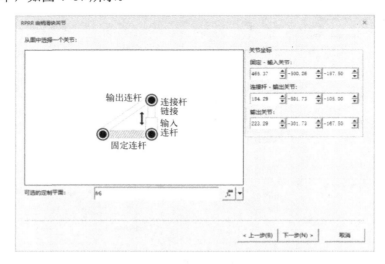

图 4-67　自定义选取平面

所有的关节坐标投影到这个平面上，并使用更新后的值创建曲柄。但是，向导中显示的关节值保持不变，因此，如果希望选择不同的平面，则不需要重新定义这些值。图 4-68 中的曲柄导向线既不在浅色部分的平面内，也不在深色部分的平面内。

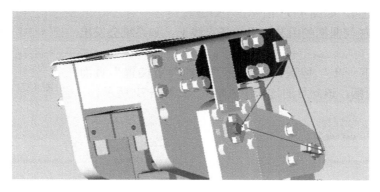

图 4-68　关节坐标投影

但是，图 4-69 显示将可选自定义平面设置为浅色部分的平面后，曲柄导向线全部位于浅色部分的平面中。

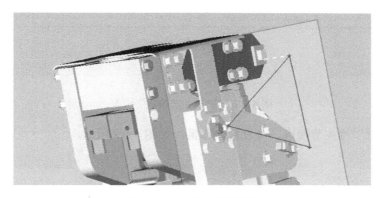

图 4-69　自定义平面设置

以下放大图中的虚线表示曲柄的选定点与自定义平面上的投影点之间的间隙，如图 4-70 所示。

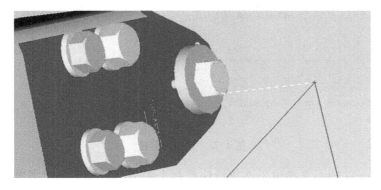

图 4-70　间隙

5）如果错误地选择了不在同一平面上的关节坐标（"下一步"按钮保持禁用状态），则可以单击 🖱️ 图标调整点到由其他点定义的平面，将其中一个点移动到其他点定义的平面上或与滑块曲柄相关的平面上），如图 4-71 所示。

图 4-71　点移动到其他点

此外，如果任何曲柄的关节位于一条直线上，则系统会发出错误消息。

6）单击"下一步"按钮，将显示"移动关节偏置"页面（对于四杆联动曲柄，该向导的这一步省略），如图 4-72 所示。

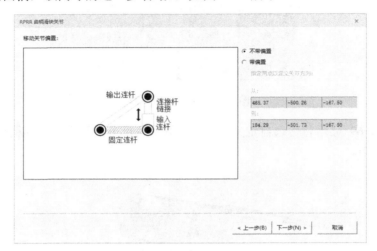

图 4-72　"移动关节偏置"页面

7）如果希望平移关节接点，可设置偏移量，如图 4-73 所示。

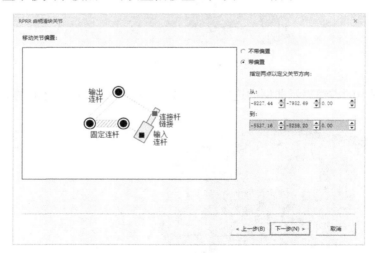

图 4-73　设置偏移量

如果滑块的平移轴不直接位于连接滑块前两个关节的直线上，则需要偏移。例如，在 RPRR 滑块的情况下，固定连杆与输入连杆及连接杆的偏移关系如图 4-74 所示。

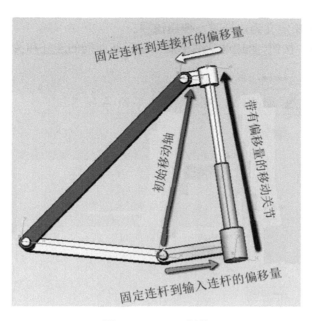

图 4-74　RPRR 滑块

配置要偏移的关节轴。

8）单击"下一步"按钮，显示"关节连杆"页面，如图 4-75 所示。

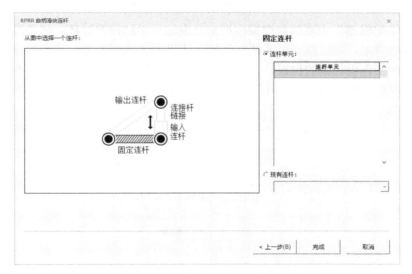

图 4-75　"关节连杆"页面

9）要将连杆与模拟对象相关联，需依次选择曲柄图中的每个连杆并单击以下任一项来定义连杆。

- 链接元素：在图形查看器或对象树中选择组成连杆的一个或多个实体。选择显示在连杆元素表中。
- 现有链接：从下拉列表中选择之前为不同运动链定义的连杆。当在两个不同的曲柄中将相同的对象定义为连杆时，使用该项。

10）单击"完成"按钮，"运动学编辑器"显示新曲柄的连杆和关节，如图 4-76 所示。

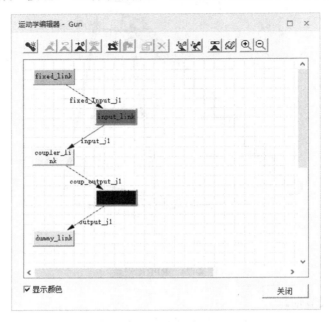

图 4-76　新曲柄的连杆和关节

在"运动学编辑器"中可添加虚拟连杆来完成运动学结构的循环。如果选择相关关节并打开关节相关编辑器，则可以查看系统创建的公式以自动操作关节。基准坐标系指定了链接的箭头所指向的工作坐标系的位置。设备的所有移动均参考其基准坐标。基准坐标最大限度地减少了移动设备或机器人所需的几何图形中的计算。

添加一个基准坐标系的步骤如下。

1）在"运动学编辑器"中单击 图标，弹出"设置基准坐标系"对话框，如图 4-77 所示。

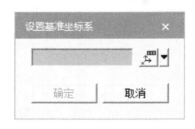

图 4-77　"设置基准坐标系"对话框

2）使用以下方法设置设备基准坐标系的位置：在图形查看器或对象树中选择一个现有的基准坐标系。然后在图形查看器中选择一个位置，光标旁会增加一个坐标系 图标。可以通过单击"参考坐标系" 按钮旁边的下拉箭头，并使用所列 4 种可用方法之一指定坐标系的确切位置来微调所选基准坐标系的位置。有关创建坐标系的更多详细信息，请参阅 4.3.7～4.3.11 节。

3）单击"确定"按钮，所选的基准坐标系将显示在对象树和图形查看器中，如图 4-78 所示。

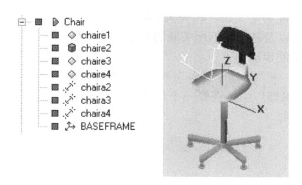

图 4-78　基准坐标系

4.3.21　添加工具坐标系

使用工具坐标系可以在机器人上安装工具或组件，并区分简单设备和机器人。工具坐标系是工具安装在机器人上的位置，通常定义在机器人的最后一个连杆上。

添加一个工具坐标系的步骤如下。

1）单击"运动学编辑器"中的 图标，弹出"创建工具坐标系"对话框，如图 4-79 所示。

2）单击"位置"文本框并通过以下方式之一指定工具坐标系的位置：①在图形查看器中选择一个位置（当在图形查看器中选择一个位置时，光标变为 ＋）；②单击所需坐标的文本框，并使用向上和向下箭头指定该坐标的确切位置；③单击所需坐标的文本框并手动输入该坐标的位置。

3）单击"附加到链接"文本框，然后在图形查看器中选择要附加到该工具坐标系的链接。所选链接显示在"附加至链接"文本框中。在图形查看器中选择链接时光标变为 ＋。

4）单击"确定"按钮，该工具坐标系被创建并显示在图形查看器中。在对象树中将显示一个工具坐标系、基准坐标系和 TCP 坐标系，如图 4-80 所示。

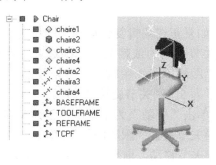

图 4-79　"创建工具坐标系"对话框　　图 4-80　工具坐标系、基准坐标系、TCP 坐标系

在为设备定义了一个工具坐标系后，设备就变成了一个机器人。现在可以在机器人上安装工具或组件来执行任务了。

4.3.22　关节依赖关系

运动学函数编辑器能够定义包含相关关节的焊枪和机器人的功能。这些函数可以用来描述依赖关节移动的方式以及基于它们所关联的其他关节的移动。

定义关节依赖关系的步骤如下。

1）选择"机器人"→"运动学设备"→"运动学编辑器 "命令。

2）在"运动学编辑器"中，选择一个相关关节并单击 图标，弹出"关节依赖关系"对话框，如图4-81所示。

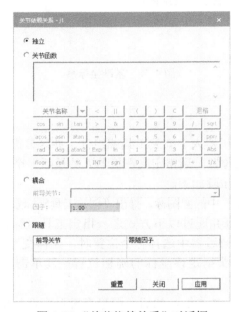

图4-81　"关节依赖关系"对话框

3）如果想要选择独立的关节，则选择"独立"选项。

4）如果希望选定关节函数，则检查关节功能并使用编辑按钮定义描述依赖关系的关节功能。

5）如果正在编辑复合运动，则启用"耦合"。如果希望定义设备层次结构中所选关节与子设备关节之间的依赖关系，则选择"耦合"选项。从"前导关节"中选择依赖关系的关节，在"跟随因子"中输入一个依赖因素。例如，如果子设备的前导关节旋转了3°并且输入的因子为5，则关节旋转了15°。

6）单击"跟随"为单个组件创建和编辑后续关节（或多个关节）。根据"跟随"关节移动为前导关节设置"跟随因子"（例如，在调整前导关节时）。可以调整后续的关节，使其独立于前导关节移动。前导和后续关节可以是不同的类型。

7）单击"应用"按钮，关节功能应用于关节依赖关系。

4.3.23　姿态编辑器

使用"姿态编辑器"命令可以创建并保存设备和机器人的新姿态，并编辑和删除现有的姿态。当在"姿态编辑器"中保存一个姿态后，设备或机器人可以在任何时候返回这个姿态。姿态是根据在"姿态编辑器"对话框中显示的关节值定义的。可以使用"姿态编辑器"创建新姿态、编辑和删除现有姿态，并将设备或机器人移动到选定的姿态。

选择一个设备或机器人，然后选择"机器人"→"运动学设备"→"姿态编辑器 "命令，以打开"姿态编辑器"对话框，如图 4-82 所示。

图 4-82　"姿态编辑器"对话框

HOME 姿态是设备或机器人在首次定义运动时所处的原始位置。默认情况下，HOME姿态始终显示在"姿态编辑器"中。在"姿态编辑器"中，可以执行以下操作。

选择一个姿态并单击"编辑"按钮以修改所选姿态的参数，如图 4-83 所示。

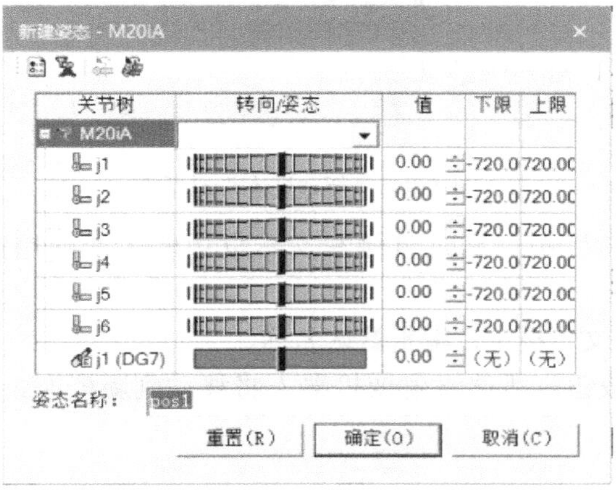

图 4-83　各关节姿态参数

在"新建姿态"对话框中可以编辑当前选定的姿态。在"姿态名称"文本框中填入编辑的姿态名称。如果在启动"姿态编辑器"之前使用了关节或机器人调整来移动所选设备，则可以从姿态列表中选择姿态，然后单击"更新"按钮将所选姿态设置为设备的当前姿态。可以选择一个或多个姿态，然后单击"删除"按钮来删除它们。

选择一个姿态并单击"跳转"按钮可将所选设备或机器人跳转到所选姿态。选择一个姿态，然后单击"移动"按钮可将选定的设备或机器人移动到所选的姿态。机器人或设备在仿真中移动，可以检测到选定姿态的路径上是否发生碰撞。单击"重置"按钮可将选定的设备或机器人恢复到打开"姿态编辑器"对话框时的姿态。通过单击名称两次在姿态列表中编辑姿态名称，或单击选择列表中的姿态，然后按〈F2〉快捷键。

以下内容受焊枪姿态的影响。

● OLP 控制器。

● 焊接仿真引擎。

● 上传机器人仿真程序。

这些命令需要具有以下系统保留名称的焊枪姿态：OPEN、SEMIOPEN 和 CLOSE（大小写和拼写应与所示完全一致）。

（1）创建一个新的姿态

1）在"姿态编辑器"中，单击"新建"按钮弹出"新建姿态"对话框，在该对话框中包含所选择的设备或机器人的关节的列表。"姿态名称"由一个唯一的默认名称填充，如图 4-84 所示。

图 4-84 "新建姿态"对话框

2）在每个"关节树"中，通过直接在文本框中输入或使用向上和向下箭头来指定关节位置的值。

3）在"姿态名称"文本框中，编辑默认名称。

4）单击"确定"按钮，所选设备或机器人将移动到新姿态，新姿态将保存并显示在"姿态编辑器"对话框中。

（2）标记姿态

使用"标记姿态"命令可以标记设备或机器人姿态的当前位置。姿态自动保存在"姿态编辑器"中。

标记一个姿态的步骤如下。

1）使用"机器人调整"命令将设备或机器人移动到所需的位置。

2）选择"机器人"→"运动学设备"→"标记姿态⊠"命令，姿态将自动保存在"姿态编辑器"中。

4.3.24　工具定义

使用"工具定义"命令可以将设备或机构定义为工具，例如焊枪。从这个意义上说，一个工具意味着一个物体可以连接到一个机器人，使其能够执行诸如焊接之类的任务。对于复合设备，只有子组件可以用作不可碰撞的实体。

如果选定的资源没有定义运动学，Process Simulate 会提示没有定义运动学，并且提供创建默认的运动学，然后单击"确定"按钮继续。

如果组件未打开建模，则工具定义仅在查看模式下打开。有关如何执行此操作的信息，请参阅 4.1 节"设置建模范围"。在以下示例中，系统创建了 link 文件。这些文件定义的工具是虚拟连杆，也可在"运动学编辑器"中查看，如图4-85所示。

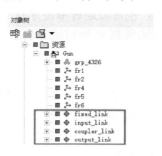

图 4-85　查看虚拟连杆

（1）定义一个工具

1）在图形查看器或对象树中选择要定义为工具的设备，然后选择"机器人"→"运动学设备"→"工具定义 🖳"命令，弹出"工具定义"对话框，如图4-86所示。

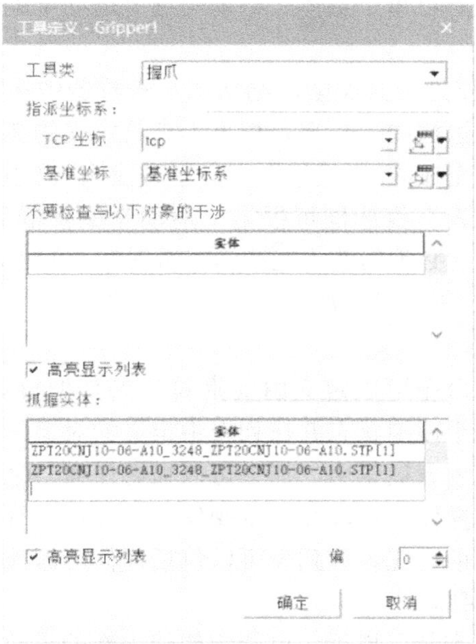

图 4-86　"工具定义"对话框

2）从"工具类"下拉列表中选择要定义的工具类型。

● 焊枪——用于外部控制器控制的工具。通过定义"枪的姿态"来控制焊枪。

● 伺服枪——用于由机器人控制器控制的工具。伺服枪是通过定义"伺服值"来控制的。

● 气动伺服枪——用于外部控制器控制的工具。气动伺服枪接头并未定义为机器人外部轴，因此气动伺服枪由 OLP 命令控制。

● 夹具（也叫握爪）——用于运输部件/零件的工具。

● 喷枪——喷枪具有虚拟运动特性，仅用于计算涂料厚度和模拟过程中触发器状态的可视化。选择此"工具类"后，可以选择枪尖框。枪头坐标是喷枪顶端的坐标，它沿着涂料接触材料的部位移动。

3）在"TCP 坐标"下拉列表中，通过在图形查看器或对象树中的下拉列表中选择一个坐标系来指定该工具的 TCP 坐标；也可以通过单击"TCP 坐标"下拉列表右侧的"参考坐标" ▣ 按钮旁边的下拉箭头，并使用所列 4 种可用方法之一指定坐标的新位置来临时修改所选坐标的位置。

4）在"基准坐标"下拉列表中，通过从图形查看器或对象树中的下拉列表中选择一个坐标来为工具指定"基准坐标"；也可以通过单击"基准坐标"下拉列表右侧的"参考坐标" ▣ 按钮旁边的下拉箭头，并使用所列 4 种可用方法之一指定坐标的新位置来临时修改所选坐标的位置。

5）在"不要检查与以下对象的干涉"中，通过在图形查看器中选择它们来指定可能与该工具发生冲突的对象。例如，枪臂的尖端（或帽）。这意味着不检查指定对象和工具之间的冲突。但是，如果在"干涉查看器"中启用了"突显干涉集"，图形查看器将在碰撞时以较浅阴影显示这些对象。

6）根据在"运动学编辑器"中定义的颜色，勾选"高亮显示列表"复选框以在"不检查与区域的碰撞"的情况下着色每个实体（必须勾选"运动学编辑器"中的"显示颜色"复选框）。

7）如果选择"握爪"作为工具类型，则从图形查看器中指定充当抓取实体的对象。这些对象出现在"抓握实体"区域中。抓握是根据为夹具定义的抓取实体和任何物理对象（零件、资源）之间的碰撞检测完成的。"偏移"定义了碰撞检测发生的距离。

8）勾选"高亮显示列表"复选框可根据"运动学编辑器"中定义的颜色为"抓握实体"区域中的每个实体着色（必须勾选"运动学编辑器"中的"显示颜色"复选框）。

9）单击"确定"按钮，所选设备被定义为一个工具。

（2）设置抓握对象列表

"设置抓握对象列表"命令可以定义由（附着）夹具把持对象的列表。当列表被启用时，夹持器可以夹持任何处于碰撞状态并在列表中定义的对象，但它不能夹持未在列表中定义的对象。默认情况下，该列表被禁用，抓手可以抓握任何与之处于碰撞状态的物体。该列表与所有抓取动作（夹持器操作、拾取和放置操作，以及逻辑行为的抓取动作）的夹具的特定实例相关，并且仅用于当前研究。该列表可以包括任何可碰撞的对象，包括 IPA（过程装配）节点，但不包括抓手本身。

例如，如果在机器人上安装了抓手，可能希望使用新的拾放操作来模拟搁置在支架上的零件。当启用抓取对象列表时，抓取器只抓取与抓取器处于碰撞状态且包含在列表中的对象。因此，如果在抓握对象列表中定义零件并省略支架，则会达到所需的结果，机器人会将零件移动到目标位置。但是，默认情况下，抓握对象列表未启用。在这种情况下，抓手将抓住任何与抓手碰撞的物体。由于支架也会与夹具发生碰撞，因此夹具会将支架与支架具一起移动，如图 4-87 所示。

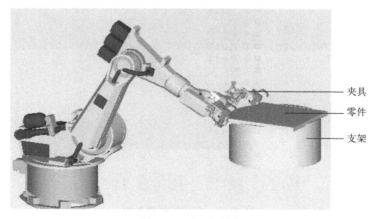

图 4-87　抓握示例

如果一个机器人仿真研究中有一个已定义的抓握对象列表，其中包含了零件 P1，该仿真若在线性模拟模式下被合并到一个新的研究中，在某些情况下，会出现只有 P1 的父项在合并后的研究中的情况。当这种情况发生时，Process Simulate 会检查研究中 P1 的父项和夹具之间的碰撞。

（3）配置抓握对象列表

1）选择"建模"→"设备"→"设置抓持对象列表 🔲"命令，弹出"设置抓握对象"对话框，如图 4-88 所示。

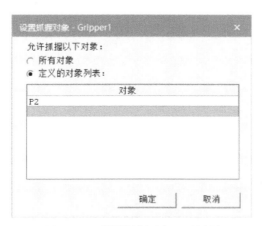

图 4-88　"设置抓握对象"对话框

2）默认情况下，所有对象都被选中。如果希望为夹具定义对象，则需检查定义的对象列表。

3）在图形查看器、对象树或逻辑集合树查看器中单击一个或多个对象，这些对象将被添加到对象列表中。

4）单击"确定"按钮，为了抓取与握爪相同的复合资源下的物体，可以使用设置抓握物体列表来定义要抓取的物体。配置抓握对象列表已包含要抓取的特定对象，如图 4-89 所示。

图 4-89　配置的抓握对象

第5章 仿真操作

【本章目标】

本章主要介绍 Process Simulate 软件中仿真操作的建立，以及路径点的修改和添加，帮助读者对仿真运动进行全面的了解。

5.1 新建操作

5.1.1 新建复合操作

"新建复合操作"命令可以创建一个新的复合操作。复合操作是由其他操作组成的操作，也可以包含其他复合操作。复合操作也可以称为操作序列。复合操作可以包括不同类型的操作，例如，移动零件的对象流操作以及打开机床门的设备操作。

创建一个新的复合操作的步骤如下。

1）选择"主页"→"操作"→"新建复合操作🮲"命令。

或者选择"操作"→"创建操作"→"新建操作"→"新建复合操作🮲"命令，弹出"新建复合操作"对话框，如图5-1所示。

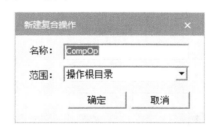

图5-1 "新建复合操作"对话框

如果未选择对象或选择单个复合操作，则启用"新建复合操作"命令。

2）在"名称"文本框中，输入操作的名称。默认情况下，所有复合操作的命名默认都是 CompOp，也可以覆盖这个名字。

3）单击"范围"下拉列表以选择操作根目录作为新复合操作的父项，或单击图形查看器、操作树、序列编辑器或路径编辑器进行选择。

如果在调用新复合操作命令之前选择复合操作，那么该操作将自动插入至"范围"下拉列表中。

4）单击"确定"按钮，在操作树中创建并显示一个空的新复合操作。新复合操作会自动设置为当前操作（如果当前操作尚不存在），并显示在序列编辑器中。

5）在操作树中，将要包含在复合操作中的操作拖动到操作树或序列编辑器中。

零件对象可以通过"操作树"分配到复合操作。此分配使零件可用于仿真任何属于复合操作中的对象流操作。如果在这种情况下将对象流操作配置为模拟原型，则无法将该流操作拖动到另一个复合操作。如果尝试这样做，会出现以下错误提示：系统无法粘贴所选操作。

可以链接操作以及向它们添加事件，如在序列编辑器中操作，具体操作可参考第 9 章序列编辑器的内容。

5.1.2 新建连续特征操作

"新建连续特征操作"命令能够创建新的连续特征操作。连续特征操作包括激光焊接、涂胶、喷涂、水切割等应用。连续特征操作由一组连续的制造特征（MFG）操作组成。连续操作可以执行以下操作之一：将带有已安装工具的机器人移至工件上的 MFG 位置；将装有工件的机器人移至外部工具（外部 TCP）。

在创建连续机器人操作之前，需验证机器人是否可以到达连续的 MFG 位置。

创建新的连续特征操作的步骤如下。

1）选择"主页"→"操作"→"新建连续特征操作☷"命令。

或者选择"操作"→"创建操作"→"新建操作"→"新建连续特征操作☷"命令，弹出"新建连续操作"对话框，如图 5-2 所示。

图 5-2 "新建连续操作"对话框

默认的连续操作名称 Cont_Robotic_Op 出现在"名称"文本框中。

2）在"名称"文本框中，输入操作的名称。

3）按如下方式将机器人分配给新建操作。

① 单击"机器人"文本框并将光标放置在此栏。

② 在任何显示机器人的查看器中单击一个机器人，其名称将出现在"机器人"文本框中。

4）为新建操作选择一个工具，如下所示。

① 单击"工具"文本框将光标放在这一栏中。

② 在任何查看器显示工具中单击一个工具，工具名称将出现在"工具"文本框中。

5）单击"范围"下拉列表选择"操作根目录"作为新操作的父项，或者单击"操作树"中的"操作"这一父操作。

如果在调用新的连续特征操作命令之前选择复合操作，则该操作将自动插入"范围"下拉列表中。

6）选择连续的 MFG 以包含在"新建连续操作"中，如下所示。

① 单击"连续制造特征"文本框，将光标显示在此栏。

② 在 MFG 查看器中单击一个或多个连续的 MFG，MFG 名称将出现在连续 MFG 文本框中。

③ 可以使用在连续 MFG 文本框中排列 MFG 的顺序。列表中的 MFG 顺序决定了新建操作中的执行顺序。

7）如果操作是外部 TCP，则勾选"外部 TCP"复选框。

8）可以单击"扩展"▼按钮以显示"新建连续操作"对话框的扩展，其中包含可选的"描述"文本框。如果需要，可输入操作说明，如图 5-3 所示。

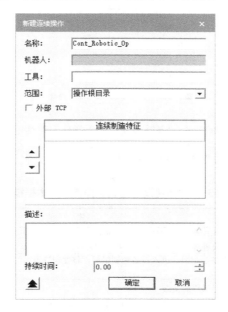

图 5-3 "新建连续操作"对话框的扩展

扩展对话框包含只读的"持续时间"文本框，显示连续 MFG 文本框中包含 MFG 的持续时间总和。

9）单击"确定"按钮，创建新的连续特征操作。将会发生以下几种情况：操作出现在操作树和序列编辑器中。构成连续特征操作的各个 MFG 操作出现在序列编辑器的甘特图区域中。新操作自动设置为当前操作（如果当前操作尚不存在）。

可以在已建操作上单击右键，选择"操作属性"命令，在"操作属性"对话框中编辑"新建连续操作"的属性。

5.1.3　新建设备控制组操作

设备控制组是用户创建的一组设备。通常，可以将具有通用组件或功能的设备分组到

"设备控制组"中，并使用单个组命令将这些设备一起操作。这在希望创建设备姿态的特定组合时非常有用。

设备控制组操作可以使每个设备达到预先设定的姿态。设备姿态是以组姿态定义的，可使用"编辑姿态组"命令编辑组姿态。使用"新建设备控制组操作"命令创建的操作会使选定设备控制组中的设备从源组姿态移动到目标组姿态。每个组姿态包含所有成员设备的所有现有姿态。设备控制组操作可以在操作树中查看。

可以使用"设置当前操作"命令将设备控制组操作设置为当前操作。

创建新的设备控制组操作的步骤如下。

1）选择"操作"→"创建操作"→"新建操作"→"新建设备控制组操作 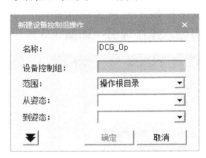"命令，弹出"新建设备控制组操作"对话框，如图5-4所示。

图5-4 "新建设备控制组操作"对话框

该"新建设备控制组操作"对话框包括以下文本框，见表5-1。

表5-1 "新建设备控制组操作"文本框描述

项 目	描 述
名称	设备控制组操作的名称。默认名称为 DCG_Op（如果这不是唯一的，则添加数字后缀）。如果在启动命令之前选择了设备控制组，则操作名称为<DCG Name>_Op
设备控制组	命令运行的设备控制组。进入设备控制组后，将使用该设备控制组的默认姿态填充"从姿态"和"到姿态"文本框
范围	新建设备控制组操作的父级
从姿态	设备控制组操作的源组姿态（操作开始移动）。必须从下拉列表中选择一个值。默认情况下，使用当前姿态
到姿态	设备控制组操作的目标组姿态（操作移动设备的姿态）。目标组姿态确定哪些设备参与操作（只有那些姿态包含在所选目标组姿态中的设备才参与操作）。必须从下拉列表中选择一个值。默认情况下，使用第一个组姿态

2）单击"设备控制组"文本框，然后单击对象树中的设备控制组或键入所需设备控制组的名称。如果在启动命令之前选择了设备控制组，则该设备控制组已预加载。

3）单击"范围"下拉列表，选择"新建设备控制组"操作的父操作，或单击"操作树"中的"操作"选项。如果在调用"新建设备控制组操作"命令之前选择操作，则该操作将自动插入"范围"下拉列表中。

4）在"从姿态"下拉列表中，选择新建设备控制组操作的源组姿态。

5）在"到姿态"下拉列表中，选择新建设备控制组操作的目标组姿态。

6）可以单击▼图标来扩展"新建设备控制组操作"对话框，如图5-5所示。

7）如果需要，可输入操作描述。

8）设置操作的"持续时间"，这决定了操作需要多长时间。如果一个或多个设备没有在指定时间内达到其目标姿态，则在这段时间之后它将仍然继续移动。"持续时间"将重置该时间为新时间。

9）单击"确定"按钮，新的"设备控制组操作"出现在操作树中，如图5-6所示。

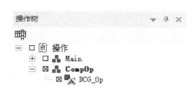

图5-5 "新建设备控制组操作"对话框的扩展　图5-6 操作树中出现新的"设备控制组操作"

5.1.4 新建设备操作

使用"新建设备操作"命令能够创建设备，即从一个姿态到另一个姿态移动的设备。设备是具有定义的运动学组件，例如具有打开的门的橱柜/机床。一旦定义了设备，就可以为设备定义姿态。姿态是代表设备位置的一组数值。为了创建设备操作，必须使用定义了多个姿态的设备。

创建新的设备操作的步骤如下。

1）选择"操作"→"创建操作"→"新建操作"→"新建设备操作▓"命令，弹出"新建设备操作"对话框，如图5-7所示。

图5-7 "新建设备操作"对话框

或者，可以选择"新建设备操作"以显示"新建设备操作"对话框，单击"设备"文本框，然后在图形查看器或对象树中选择所需的对象。可以选择组件作为设备操作的设备。系统使用复合操作的名称（在圆括号中）将设备操作命名为设备名称后，即可通过操作树用于该复合操作。如果创建设备操作来仿真设备，则系统会在设备可用的复合操作下创建设备操作。

2）在"名称"文本框中，可输入操作的名称。默认情况下，所有新设备操作都命名为Op#。如果需要，也可以覆盖这个名字。

3）单击"范围"下拉列表，选择"操作根目录"作为新建设备操作的父项，或单击"操作树"中的"操作"这一父操作。如果在调用"新建设备操作"命令之前选择复合操作，则该操作将自动插入"范围"下拉列表中。

4）在"从姿态"下拉列表中选择设备的开始姿态。所有设备都有一个 HOME 姿态，这是设备操作的默认启动姿态。

5）在"到姿态"下拉列表中选择设备的最终姿态。

6）要指定设备操作的更多详细信息，单击扩展 ▼ 按钮，"新建设备操作"对话框将展开，如图 5-8 所示。

图 5-8 "新建设备操作"对话框的扩展

7）在"描述"文本框中，输入操作的说明。默认情况下无须输入。但是，如果在"描述"文本框中输入了说明，它将出现在"操作属性"对话框中。

8）在"持续时间"文本框中，通过使用向上和向下箭头或键入所需时间来修改操作的持续时间。默认情况下，持续时间为 5s。如果需要，可以选择"文件"→"选项"命令，在出现的对话框的"单位"选项卡中更改度量单位。

9）单击"确定"按钮，"新建设备操作"创建并显示在操作树中。新建操作自动设置为当前操作（如果当前操作尚不存在）。编辑姿态时，使用该姿态的设备操作会自动更新。

5.1.5 新建通用机器人操作

使用"新建通用机器人操作"命令，可以创建一个通用的机器人操作。

创建新的通用机器人操作的步骤如下。

1）选择"操作"→"创建操作"→"新建操作"→"新建通用机器人操作 ▓"命令，弹出"新建通用机器人操作"对话框。在"名称"文本框中填入默认操作名称。

2）从"机器人"下拉列表中选择要分配给新建操作的机器人。如果在启动命令之前预先选择了一个机器人，则此文本框中将填充所选机器人的名称。

3）从"工具"下拉列表中选择要安装在机器人上的工具。如果所选机器人已安装工具，则此列表将自动填充。

4）单击"范围"下拉列表并将"操作根目录"设置为新操作的父级。如果在调用"新建通用机器人操作"命令之前选择复合操作，则该操作将自动插入"范围"下拉列表中。

5）可单击 图标展开"新建通用机器人操作"对话框并设置以下内容，如图5-9所示。

● 为新操作输入有意义的描述。

● 设置新建操作的持续时间。

6）单击"确定"按钮，保存新的操作并关闭"新建通用机器人操作"对话框。

图5-9 "新建通用机器人操作"对话框

5.1.6 新建握爪操作

使用"新建握爪操作"命令能够创建涉及夹紧装置的操作。握爪可以执行两个动作，即它可以抓住物体并释放它们。对于这些动作中的每一个操作，定义握爪时必须定义目标姿态。

创建新的握爪操作的步骤如下。

1）在图形查看器或路径编辑器中选择一个夹具，然后选择"操作"→"创建操作"→"新建操作"→"新建握爪操作 "命令，弹出"新建握爪操作"对话框，在"名称"文本框中填入默认操作名称，如图5-10所示。

图5-10 "新建握爪操作"对话框

可以选择一个设备作为握爪操作的握爪。系统用设备操作的名称命名设备（在圆括号中），这表明设备可通过操作树供复合操作使用。如果创建握爪操作来仿真设备，则系统会在设备可用的复合操作下创建此操作。

2）在"名称"文本框中，可输入操作的名称。默认情况下，所有新建握爪操作都被命名为 Op #。如果需要，也可以覆盖这个名字。

3）单击"范围"下拉列表，选择"操作根目录"作为"新建握爪操作"的父级，或单击"操作树"中的"操作"这一父操作。

如果在调用"新建握爪操作"命令之前选择了复合操作，则该操作将自动插入"范围"下拉列表中。

4）在"坐标"下拉列表中，选择要用作握爪操作的 TCP 坐标。

5）选择以下要执行的操作之一：

● 抓握物体。

● 释放对象。

6）从"目标姿态"下拉列表中选择执行操作时握爪的姿态。

7）要指定握爪操作的更多详细信息，可单击"扩展" ▼按钮，"新建握爪操作"对话框将扩展，如图 5-11 所示。

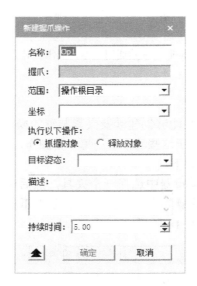

图 5-11　"新建握爪操作"对话框的扩展

8）在"描述"文本框中，输入操作的说明。默认情况下无须输入。但是，如果在"描述"字段中输入了说明，它将出现在"操作属性"对话框中。

9）在"持续时间"文本框中，通过使用向上和向下箭头或键入所需的时间修改操作的持续时间。如果指定的时间少于移动所需的最小时间（定义运动时指定），则时间会自动调整到运行操作所需的最短时间。默认情况下，持续时间为 5s。如果需要，可以选择"文件"→"选项"命令，在出现的对话框的"单位"选项卡中更改度量单位。

10）单击"确定"按钮，在操作树中创建并显示新的握爪操作。新建操作自动设置为当前操作（如果当前操作尚不存在），并显示在序列编辑器中。

5.1.7　新建非仿真操作

使用"新建非仿真操作"命令可以创建一个非仿真操作。非仿真操作是一个空操作，可以在继续执行另一操作之前标记指定的时间间隔；也可以使用非仿真操作来标记稍后将创建的操作的位置。

创建一个新的非仿真操作的步骤如下。

1）选择"操作"→"创建操作"→"新建操作"→"新建非仿真操作■*"命令，弹出"新建非仿真操作"对话框，如图 5-12 所示。

图 5-12　"新建非仿真操作"对话框

2）在"名称"文本框中，输入操作的名称。默认情况下，所有新建非仿真操作都命名为 Op # 。如果需要，也可以覆盖这个名字。

3）单击"范围"下拉列表，选择"操作根目录"作为新建非仿真操作的父项，或单击"操作树"中的"操作"这一父操作。如果在调用"新建非仿真操作"命令之前选择复合操作，则该操作将自动插入"范围"下拉列表中。

4）在"描述"文本框中，输入操作的说明。默认情况下无须输入。但是，如果在"描述"文本框中输入了说明，它将出现在"操作属性"对话框中。

5）在"持续时间"文本框中，通过使用向上和向下箭头或键入所需的时间修改操作的持续时间。默认情况下，持续时间为 5s。如果需要，可以选择"文件"→"选项"命令，在出现的对话框的"单位"选项卡中更改度量单位。

6）单击"确定"按钮，一个新的非仿真操作被创建并显示在操作树中。新建操作自动设置为当前操作（如果当前操作尚不存在）。

5.1.8　新建对象流操作

使用"新建对象流操作"命令，可以创建一个物体从一个地方移动到另一个地方的操作。此操作主要用于移动零件进行装配研究。可以通过使用现有路径或创建新路径来创建对象流操作。

创建新的对象流操作的步骤如下。

1）在图形查看器或对象树中选择一个对象，然后选择"主页"→"操作"→"新建对

象流操作 " 命令，或者选择"操作"→"创建操作"→"新建操作"→"新建对象流操作 " 命令，弹出"新建对象流操作"对话框，如图 5-13 所示。

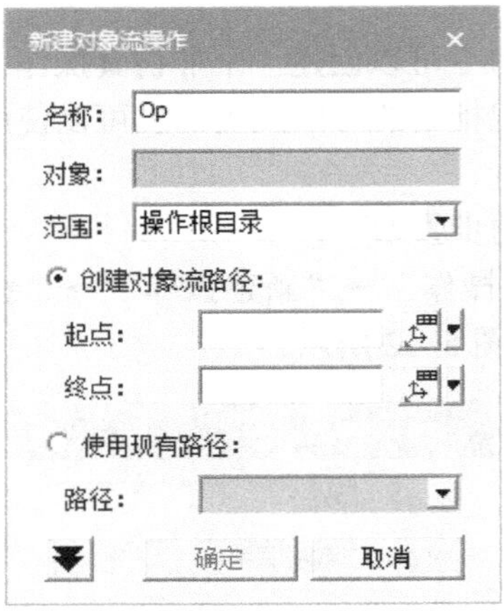

图 5-13 "新建对象流操作"对话框

也可以选择"新建对象流操作"以显示"新建对象流操作"对话框，单击"对象"文本框，然后在图形查看器或对象树中选择所需的对象。

可以选择一个设备作为流操作的对象。设备在圆括号中以复合操作的名称命名，这表明设备可通过对象树用于该复合操作。如果创建一个流操作来仿真设备，则对象流操作将在设备可用的复合操作下创建。

2）在"名称"文本框中，可输入操作的名称。默认情况下，所有新的对象流操作都被命名为 Op#。如果需要，也可以覆盖这个名字。

3）单击"范围"下拉列表，选择"操作根目录"作为新建对象流操作的父项，或单击"操作树"中的"操作"这一父操作。如果在调用"新建对象流操作"命令之前选择复合操作，则该操作将自动插入"范围"下拉列表中。

4）可用下列方式之一选择操作路径。

① 要创建新的对象流路径，可选择"创建对象流路径"，然后通过单击"起点/终点"文本框，选择希望路径开始/结束的位置来指定起点和终点。②在图形查看器中选择一个位置。默认情况下，所选对象的当前位置是开始点。位置在指定的点处创建并显示在图形查看器中。③要使用现有路径，可选择"使用现有路径"单选框，然后从"路径"下拉列表或图形查看器或对象树中选择路径。

5）要指定对象流操作的更多详细信息，可单击"扩展" 按钮，"新建对象流操作"对话框将展开，如图 5-14 所示。

6）在"描述"文本框中，可输入操作的说明。默认情况下无须输入。但是，如果在"描述"字段中输入了说明，它将出现在"操作属性"对话框中。

7）从"抓握坐标系"下拉列表中为所选对象选择一个坐标系。默认情况下，抓握坐标系位于所选对象的几何中心；也可以通过单击"抓握坐标系"下拉列表右侧的"参考坐标系" 按钮旁边的下拉箭头，并使用所列 4 种可用方法之一指定坐标系的确切位置。选定的"抓握坐标系"会在图形查看器和对象树的组合体下创建并显示。

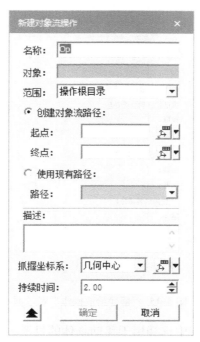

图 5-14 "新建对象流操作"对话框的扩展

默认情况下,所有"抓握坐标系"均为蓝色。不能修改现有坐标系的颜色。要修改新建坐标系的颜色,可选择"文件"→"选项"命令,在出现的对话框的"外观"选项卡中进行修改。

8) 在"持续时间"文本框中,通过使用向上和向下箭头或键入所需时间来修改操作的持续时间。默认情况下,持续时间为 5s。如果需要,可以选择"文件"→"选项"命令,在出现的对话框的"单位"选项卡中更改度量单位。

9) 单击"确定"按钮,在指定的起点和终点之间将创建一个路径,并显示在图形查看器中。

对象流操作创建并显示在操作树中。新建操作会自动设置为当前操作(如果当前操作尚不存在),并显示在序列编辑器和路径编辑器中。在所有三个地方(即操作树、序列编辑器以及路径编辑器),路径上的每个位置都显示为操作的子项。

通过操作树执行设备到复合操作的分配,设备名称中的括号里面指示着设备分配到的复合操作。如果一个设备组件分配给多个复合操作,它将在图形查看器和对象树中列出,且每个复合操作都被分配给操作树。

5.1.9 新建拾取和放置操作

使用"新建拾放操作"命令,可以从一个地方移动对象到另一个地方。

创建新的拾放操作的步骤如下。

1) 在图形查看器或对象树中选择一个对象,然后选择"主页"→"操作"→"新建拾放操作▣"命令,或者选择"操作"→"创建操作"→"新建操作"→"新建拾放操作▣"命令,弹出"新建拾放操作"对话框,并在"名称"文本框中显示所选对象的名称,如图 5-15 所示。

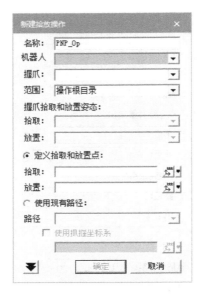

图 5-15 "新建拾放操作"对话框

2）从"机器人"下拉列表中选择用于移动物体的机器人。如果在启动命令之前预先选择了一个机器人，则此文本框中将填充所选机器人的名称。

3）"握爪"列表将会自动填充安装在所选机器人上面的所有握爪的选项，并选择当中的第一个握爪。如果需要，可以根据需要改变它。

4）单击"范围"下拉列表，选择"操作根目录"作为新建拾放操作的父项。

如果在调用"新建拾放操作"命令之前选择了一个操作，则该操作将自动插入"范围"下拉列表中。

5）可以通过下列方式选择操作路径。

① 定义一个新的路径，选择定义"拾取"和"放置"点，然后在"拾取"和"放置"文本框中选择相应的坐标来指定机器人的拾取点和放置点，可以采用以下方式选择拾取点和放置点。

● 在图形查看器中选择一个位置。

● 在"对象树"或"操作树"中选择一个对象。

● 单击"拾取"｜"放置"文本框右侧的"参考坐标" 按钮旁边的下拉箭头，并使用所列 4 种可用方法之一指定位置的确切坐标。有关更多详细信息，请参阅 4.3.7 节"创建坐标系选项"。

要注意的是，如果同时选择"拾取"和"放置"点，则新建操作具有"拾取和放置"位置，如图 5-16 所示。

如果只选择一个"拾取"或者"放置"点，新建操作将只有一个拾取或放置位置，如图5-17 所示。

图 5-16　同时选取"拾取"和"放置"点　　　　图 5-17　只选择一个"拾取"或"放置"点

② 要使用现有路径。可选择"使用现有路径"单选框，然后从"路径"下拉列表、"图形查看器"或"操作树"中选择路径。通过选择使用拾取点坐标，指定选定坐标系的确切位置，然后通过单击"使用抓握坐标系"文本框右侧"参考坐标" 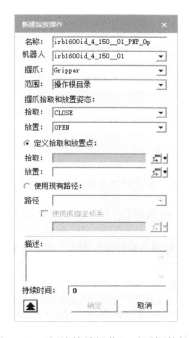按钮旁边的下拉箭头，并使用所列 4 种可用方法之一便可指定坐标的确切位置，从而指定夹具的偏移量。有关更多详细信息，请参阅 4.3.7 节"创建坐标系选项"。选定的"抓握坐标系"会在图形查看器和对象树的组合体下创建并显示。系统复制路径并将对象流转换为机器人使用的路径。

6）在"描述"文本框中，可输入操作的说明。

7）要指定操作的更多详细信息，可单击"展开" ■按钮，"新建拾放操作"对话框将展开，如图 5-18 所示。

图 5-18　"新建拾放操作"对话框的扩展

8）单击"确定"按钮，完成拾放操作的建立。

拾取和放置操作沿路径创建并显示在操作树中。新建操作会自动设置为当前操作（如果当前操作尚不存在），并显示在序列编辑器和路径编辑器中。在所有三个地方，路径上的每个位置都显示为"操作"的子项。当操作被设置为当前操作时，可以编辑新拾放操作的路径。

5.1.10　新建机器人路径参考操作

使用"新建机器人路径参考操作"命令，可以在生产线仿真模式下完成运行机器人程序的操作。机器人路径参考（RPR）操作通过路径号激活机器人程序中的一个或多个特定操作，这间接地能够在线路仿真模式下完成运行机器人程序的操作。由于 RPR 操作仅通过其路径号引用机器人操作，因此可以通过将路径号重新分配给不同的机器人操作来更改 RPR 操作的目标。

对于同一个仿真中引用相同路径号的同一个机器人，不要创建多个 RPR 操作，这样会导致所有的操作失败，最好是在一个随机选择的参考机器人上创建 RPR 操作。

创建新的机器人路径参考操作的步骤如下。

1）确认定义了所需的机器人程序，并将其指定为机器人的默认程序。

该仿真仅执行涉及机器人的默认程序的 RPR 操作。

2）选择"操作"→"创建操作"→"新建机器人路径参考操作▓"命令，弹出"新建机器人路径参考操作"对话框，如图 5-19 所示。

图 5-19 "新建机器人路径参考操作"对话框

"新建机器人路径参考操作"对话框包括的文本框名称及其描述见表 5-2。

表 5-2　新建"机器人路径参考操作"对话框中的文本框描述

名　　称	描　　述
名称	新 RPR 操作的名称。默认名称可以是以下之一。 如果在未先选择机器人的情况下打开"新建机器人路径参考操作"对话框，则默认名称为 RPR_Op 如果在打开"新建机器人路径参考操作"对话框之前选择了机器人，则默认名称包括机器人名称，如：<机器人名称>_RPR_Op 注意：如有必要，可附加一个数字以使名称唯一。例如：RPR_Op1，RPR_Op2
机器人	与 RPR 操作相关的机器人
程序	如果机器人只有一个程序，则程序名称将显示在此文本框中 如果机器人定义了多个程序，则默认程序的名称将显示在此文本框中
范围	新建的操作路径所存放操作目录的位置，当确定了存放位置之后，新建机器人路径将会存放在该目录下。选择"范围"时，可以单击"范围"下拉列表，选择"操作根目录"作为"新建机器人路径参考操作"的存放目录，或者单击"操作树"中的某一复合操作目录
设置刀轨操作	机器人程序中的机器人操作在"程序"文本框中指示。分配给每个操作的路径编号显示在 _#_ 列中

3）按如下操作选择一个机器人。

① 单击"机器人"文本框将其激活。

② 在页面或对象树中单击一个机器人名称，其将出现在"机器人"文本框中，机器人的默认程序出现在"程序"文本框中。如果在执行"新建机器人路径参考操作"命令之前选择了一个机器人，当"新建机器人路径参考操作"对话框打开时，机器人名称会出现在"机器人"文本框中。

4）通过选择操作树、图形查看器或序列编辑器的"路径"选项卡中的"操作"选项，将有效操作添加到"路径操作"文本框（无效的操作不会添加到该文本框中）。符合以下条件的操作被认为是有效的：该操作包含在机器人程序中；该操作具有分配给它的路径编号，如图 5-20 所示。

图 5-20　路径编号

5）可以单击"▲"按钮和"▼"按钮来对"设置刀轨操作"中的路径操作列表进行重新排序。该命令对 RPR 操作的执行没有影响。

6）可以单击▼图标来扩展"新建机器人路径参考操作"对话框，在"描述"文本框中，如果需要，可输入操作说明，如图 5-21 所示。

图 5-21　"新建机器人路径参考操作"对话框的扩展

扩展对话框包含不可操作的"持续时间"文本框，显示为 0.00。

7）单击"确定"按钮，新的 RPR 操作出现在操作树中，如图 5-22 所示。

图 5-22　操作树中的机器人路径参考操作

新建操作将自动设置为当前操作（如果当前操作尚不存在），并显示在序列编辑器中。

5.1.11 新建机器人程序

"新建机器人程序"命令可以在"程序清单"对话框的工具栏中打开，或者在菜单栏中的"机器人"选项卡的"程序"组中打开。

将新的机器人程序添加到程序清单的步骤如下。

1）单击"▥程序库"图标或选择"机器人"→"程序"→"新建机器人程序▥"命令，或者选择"操作"→"创建操作"→"新建操作"→"新建机器人程序▥"命令，弹出"新建机器人程序"对话框，如图5-23所示。

图5-23 "新建机器人程序"对话框

2）在"名称"文本框中输入新程序的名称。

3）在"机器人"下拉列表中，选择新建程序运行的机器人，或从图形查看器或对象树中选择机器人。

4）可以在可选的"注释"文本框中添加注释。

5）单击"确定"按钮，关闭"新建机器人程序"对话框。新建的机器人程序出现在"程序清单"对话框中。

5.1.12 新建焊接操作

"新建焊接操作"命令可以创建一个焊接操作，该操作可以确定一组焊接的位置。焊接操作涉及：将装有焊枪的机器人移动到工件上的焊接位置；将装有工件的机器人移动到外部焊枪（外部TCP）；可以使用"几何焊枪搜索"命令为焊接操作搜索最合适的焊枪。

需确保在创建焊接位置操作之前，机器人可以到达焊接位置。

创建新的焊接操作的步骤如下。

1）选择图形查看器或对象树中的机器人，然后选择"主页"→"操作"→"新建焊接操作▧"命令，或者选择"操作"→"创建操作"→"新建操作"→"新建焊接操作▧"命令，弹出"新建焊接操作"对话框，如图5-24所示。

所选机器人和安装在机器人上的焊枪的名称将自动显示在"机器人"和"焊枪"文本框中；也可以选择"新建焊接操作"以显示"新建焊接操作"对话框，然后单击"机器人"文本框处并在图形查看器或操作树中选择所需的机器人。

2）在"名称"文本框中，可输入操作的名称。默认情况下，所有焊接操作都被命名为Weld_Op＃。如果需要，可以覆盖这个名字。

3）单击"范围"下拉列表，选择"操作根目录"作为新建焊接操作的父项，或单击"操作树"中的"过程"或"操作"选项。

如果在调用"新建焊接操作"命令之前选择了复合操作，则该操作将自动插入"范围"下拉列表中。

4）如果操作使用的是外部 TCP，则勾选"外部 TCP"复选框。

5）在"焊接列表"文本框中，选择所选机器人的位置目标（要在模拟中焊接的焊缝位置）。可以通过在图形查看器或操作树中选择焊接位置来完成此操作。

通过在所需的焊接位置周围拖动选择框，可以在图形查看器中选择多个焊接位置。

6）按照希望机器人执行焊接模拟的顺序，使用向上和向下箭头排列焊接列表区域中的焊接位置。

7）要指定操作的更多详细信息，可单击"展开" ▼ 按钮，"新建焊接操作"对话框将展开，如图 5-25 所示。

图 5-24 "新建焊接操作"对话框

图 5-25 "新建焊接操作"对话框的扩展

8）如果需要，在"描述"文本框中输入操作的说明。默认情况下无须输入。但是，如果在"描述"文本框中输入说明，它将出现在"操作属性"对话框的"描述"文本框中。在使用文本覆盖工具时，它也会以.avi 电影文件中的文本标题显示。"持续时间"文本框显示焊接操作的持续时间，该值不能修改，这是组成焊接操作的每个焊接位置操作的持续时间的组合，可以使用操作属性选项编辑单个焊接位置操作的持续时间。

9）单击"确定"按钮，一个新的焊接操作被创建并显示在操作树中。新建操作自动设置为当前操作（如果当前操作尚不存在），可以在序列编辑器的甘特图区域中看到组成焊接操作的各个焊接位置操作。

5.1.13　新建/编辑并行机器人操作

使用"新建/编辑并行机器人操作"命令，可以将多个操作组合在一起，以便由双臂机器人或协作机器人来执行。机器人可以使用同步、异步、协作或载荷分担中的一种运动模式。

新建并行机器人操作的步骤如下。

1）选择"操作"→"创建操作"→"新建操作"→"新建并行机器人操作🖳"命令，弹出"新建并行机器人操作"对话框。"名称"文本框中填入了默认操作名称，如图5-26所示。

如果在启动命令之前选择了现有的并行机器人操作，则会显示"新建并行机器人操作"对话框并使用选定的并行机器人操作的所有参数进行填充，如图5-27所示。

图 5-26　新建并行机器人操作

图 5-27　编辑并行机器人操作

可以编辑除"类型"和"范围"之外的任何操作参数。

2）从"装备"列表中选择要分配给新操作的机器人。机器人必须被定义为一个设备，并且至少有两个嵌套在其下的其他机器人。

如果在启动命令之前预先选择了一个机器人，则此文本框将填充所选机器人的名称。

3）从类型列表中选择以下运动模式之一。

- 已同步：参与并行操作的所有机器人同时开始和结束每个操作段（它们都与最慢的机器人同步），但机器人路径之间没有几何约束。所有机器人路径必须具有相同数量的运动段才能使仿真正确运行。该模式可用于平行移动两个机器人手臂，以便同时触及一个零件。

- 异步：可以将任意数量的操作添加到任何机器人。所有机器人同时开始其初始操作，然后独立运行所有分配的操作，直到完成运行操作。

- 协作：参与并行操作的所有机器人同时开始和结束每个操作段，就像同步操作一样。然而，被定义为从属机器人的机器人的 TCP 也链接到主机器人的 TCP，并且除了遵循自己的路径之外，从属机器人的 TCP 还跟踪主机器人的路径。一个机器人被定义为主机器人，而另一个机器人被定义为在主机器人坐标系中工作的从机器人。所有机器人路径必须具有相同数量的运动段才能使仿真正确运行。在这种模式下，机器人也同步。例如，主机器人可以携带一部分，而从机器人跟踪主机器人并在零件移动到其目的地时执行焊接。从机器人决定运动约束，例如速度和加速度。

- 载荷分担：主机器人执行其程序，从机器人跟踪主机器人的 TCPF（工具坐标系）。例如，两个机器人可能会将零件移动到一起。

4）单击"范围"下拉列表并将操作根目录设置为新操作的父级。

如果在调用"新建并行机器人操作"命令之前选择复合操作，则该操作将自动插入"范围"下拉列表中。

5）在参考操作区域中，按以下步骤操作。

如果将"类型"设置为"已同步"，则"引用的操作"区域如图 5-28 所示。

图 5-28 "已同步"类型引用的操作

单击第一个操作单元并选择一个操作，相关的机器人单元格会自动填入分配给机器人设备后代的机器人名称。重复此操作直到选择了所有必需的操作。如果将"类型"设置为"异步"，则"引用的操作"区域如图 5-29 所示。

单击第一个操作单元并为所有机器人选择操作，相关的机器人单元格会自动填入分配给相关操作的机器人名称。重复此操作，直到为所有机器人选择了所有必需的操作。选择操作后，使用右侧的箭头按钮设置操作的顺序。

如果将"类型"设置为"协作"，则"引用的操作"区域如图 5-30 所示。

图 5-29 "异步"类型引用的操作

图 5-30 "协作"类型引用的操作

选择一个主操作，然后选择一个从操作。

如果将"类型"设置为"载荷分担"，则"引用的操作"区域如图 5-31 所示。

在"引用的操作"区域选择一个主操作，然后在"Slave robots（从机器人）"中选择机器人。

6）单击"确定"按钮，保存新建操作并关闭"新建并行机器人操作"对话框。新建的并行机器人操作显示在操作树中,如图 5-32 所示。

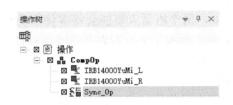

图 5-31 "载荷分担"类型引用的操作   图 5-32 操作树

5.1.14 创建姿态操作

使用"创建姿态操作"命令可以创建将人体模型移动到指定姿态的姿态操作。

可以随时将特定姿态保存为姿态操作。当使用 Man Jog 选项更改人体模型的姿态时(这适用于执行人体姿态中的描述),这个操作很有用。将姿态保存为姿态操作可以将人体模型转换为特定姿态,例如,在执行任务时,将人体模型的姿态改变为假定工作环境中使用的姿态,这在设计人体模型的工作空间时特别有用,因为该操作可以最大限度地减少操作员的疲劳和不适感,从而提高生产力。

创建姿态操作的步骤如下。

1)在图形查看器或对象树中选择要保存其姿态的人体模型。

2)选择"人体"→"模拟"→"创建姿态操作🔲"命令,或者选择"操作"→"创建操作"→"新建操作"→"创建姿态操作🔲"命令,弹出"操作范围"对话框,如图 5-33 所示。

图 5-33 "操作范围"对话框

3)在"名称"文本框中输入操作的名称。

4)从"范围"下拉列表中选择"父操作"。

5)单击"确定"按钮,操作被保存并显示在序列编辑器和操作树中。可以使用"操作"选项卡中的选项运行操作。默认情况下,所有姿态操作都被命名为姿态。现在可以通过运行姿态操作将人体模型移动到保存的姿态了。

5.2 设置当前操作

使用"设置当前操作"命令将所选操作选定为当前操作。为了运行一个操作,该操作必须被设置为当前操作。

所有操作都显示在操作树中。设置当前操作的步骤如下：在操作树中选择需要的操作，然后选择"主页"→"操作"→"设置当前操作▣"命令，或者选择"操作"→"创建操作"→"设置当前操作▣"命令。

5.3 添加操作点

5.3.1 在前面添加位置

从焊接操作中删除最后一个焊接位置不会导致操作被删除。例如，如果对 Project Weld Points 会话的结果不满意并希望重新开始，这是很重要的。"在前面添加位置"选项是一种路径编辑工具，通过该工具，可以在当前所选位置之前将路径位置添加到路径中，以避免冲突。额外的通孔位置会使机器人改变其移动路径并避免碰撞区域。通常在焊枪与零件之间，或焊枪与机器人、零件与工作站夹具之间容易发生碰撞。通过添加额外的通孔位置，可以避免碰撞，使机器人能够快速高效地完成所有任务。

如果当前选择是接缝位置，则在接缝结束之前创建新位置。"在前面添加位置"命令的操作步骤如下。

1）在图形查看器中，选择要添加经由点的位置。

2）选择"操作"→"添加位置"→"在前面添加位置 ↻"命令，在选定位置之前创建并添加经由点。机器人移动到该位置，并显示"机器人调整"对话框，如图 5-34 所示。

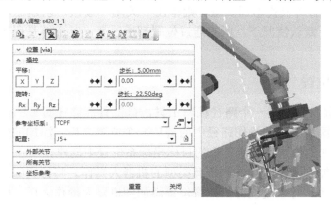

图 5-34 添加位置之前

3）使用机器人手动操纵器，通过在碰撞范围外移动 TCP 坐标来微调过孔位置的位置。

4）如果对新经由点的位置感到满意，则单击"关闭"按钮，创建的新位置将在操作树的两个位置之间显示。默认情况下，所有通过位置都通过 #（其中 # 是用于创建唯一名称的递增号码）命名。

5.3.2 在后面添加位置

"在后面添加位置"选项是一个路径编辑工具，通过该工具，可以在当前选定的位置之后将路径位置添加到路径中，以避免冲突。额外的通孔位置会使机器人改变其移动路径并避免碰撞区域。通常在焊枪与零件之间，或焊枪与机器人、零件与工作站夹具之间容易发生碰撞。通过添加额外的通孔位置，可以避免碰撞，使机器人能够快速高效地完成所有任务。

如果当前选择是接缝位置，则在接缝结束后创建新位置。"在后面添加位置"命令的操作步骤如下。

1）在图形查看器中，选择要添加经由点的位置。

2）选择"操作"→"添加位置"→"在后面添加位置 ➤"命令，在选定的位置之后创建并添加经由点。机器人移动到该位置，并显示"机器人调整"对话框，如图 5-35 所示。

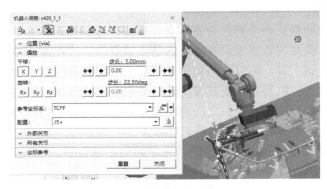

图 5-35　添加位置之后

3）使用机器人手动操纵器，通过在碰撞范围外移动 TCP 坐标来微调过孔位置的位置。

4）如果对添加的新位置感到满意，则单击"关闭"按钮，创建的新位置将在操作树的两个位置之间显示。默认情况下，所有通过位置都通过 #（其中 # 是用于创建唯一名称的递增号码）命名。

5.3.3　添加当前位置

"添加当前位置"选项是一个路径编辑工具，该工具能够在对象的当前位置创建一个新的位置。新位置将添加到当前操作路径中的最后一个位置之后。添加的位置始终是路径中的最后一个位置。添加的位置在选定对象的目标坐标系位置中创建。

可以将位置添加到对象流操作和所有类型的机器人操作。将位置添加到对象流操作后，操作中的所有位置都是对象流位置。在将位置添加到机器人操作之后，机器人在仿真操作时将经过该位置，并且之前存在的位置保持不变。

1）在操作树中选择所需的操作，所选操作显示在图形查看器中。

2）将对象移至所需位置，然后选择"操作"→"添加位置"→"添加当前位置 ➤"命令，在选定对象的目标坐标系位置中创建一个新位置，将其添加到最后一个位置之后的路径中，并激活"位置操控器"命令。

3）根据需要操纵新位置的地点。

5.3.4　通过选择添加位置/多个位置

通过选择位置来添加单个位置或者添加多个位置可以在选定位置后或在对象树中选择的

接缝定位缝操作之后，创建新的位置，或者单击"图形查看器"的任何地方创建一个新的位置路径上的两个现有位置。

通过选择位置的方式可以将位置添加到对象流操作和所有类型的机器人操作中。在对象流操作中，新位置会更改操作路径；添加之后，所有的位置都是对象流操作。在机器人操作中，新的位置可以使机器人绕过碰撞区域；添加的新位置是通过位置（即机器人动作时的经由点），而且先前存在的地点保持不变。

（1）通过选择添加一个位置

1）在操作树中选择所需的对象流或任何机器人操作。所选操作显示在图形查看器中。

2）选择"操作"→"添加位置"→"按位置添加位置 "命令，光标使用加号和位置符号增强 。

3）单击两个位置之间现有路径上的任意位置，将创建一个新位置并将其添加到路径，并激活"位置操控器"命令，如操作位置中所述。如图5-36所示。

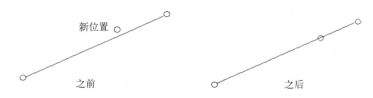

图5-36 "位置操控器"命令

如果所选位置位于或接近现有位置，则新位置将在现有位置上创建。如果所选位置不在现有路径附近，则"按点选取位置"命令的操作与"添加当前位置"命令相同，并创建一个新位置，该位置将添加到路径的末尾。或者，单击对象树中的一个坐标系。在这种情况下，"按位置添加位置"命令的操作与"添加当前位置"命令相同，并创建一个新位置，该位置将添加到路径末尾。

4）或者，在对象树中选择一个位置后，通过选取命令激活添加位置。该命令在所选位置之后或在接缝操作之后（如果所选位置是接缝位置）创建新位置。

5）根据需要操纵新位置的地点。

（2）通过选择添加多个位置

1）在操作树中选择所需的对象流或任何机器人操作，或者在对象树中选择一个位置。

2）选择"操作"→"添加位置"→"添加多个位置 "命令，光标使用加号和位置符号增强 。

3）在对象树中选择一个位置后，在图形查看器中再次单击以向路径添加新位置。

如果所选位置位于或接近现有位置，则新位置将在现有位置上创建。如果单击现有路径，则"按位置添加多个位置"命令将像"添加当前位置"命令一样，并将新位置添加到路径末尾。

4）要停用该命令，可再次单击"通过选择添加多个位置"图标或按键盘上的〈Esc〉键。

5.3.5 以交互方式添加位置

"交互添加位置"选项是一个路径编辑工具，该工具可以创建新位置并将其添加到对象流操作的中间位置。位置只能交互添加到对象流操作中。在对象流操作中，添加一个位置来更改对象的路径，并且对象流操作中的所有位置都是相同的。

1）在操作树中选择所需的对象流操作，所选操作显示在图形查看器中。

2）运行该操作，然后通过单击序列编辑器中的停止 ■ 按钮将其停止在要添加新位置的地点。

3）选择"操作"→"添加位置"→"交互添加位置 ▓"命令，在操作已停止并且操作位置命令被激活的地点，路径中会添加新位置。

4）根据需要操纵新位置的地点。

5.4 路径编辑

5.4.1 操控位置

"操控位置"选项是一个路径编辑工具，该工具可以使用"放置操控器"工具操控选定位置的地点。对于对象流操作和机器人的经过位置，只能通过放置操控器工具来更改位置或方向。

1）选择所需的位置，然后选择"操作"→"编辑路径"→"操控位置 ▓"命令，发生以下情况：该对象被移动到选定的位置。机器人坐标系放置在选定的位置，显示"放置操控器"对话框，如图 5-37 所示。

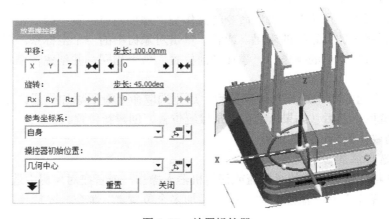

图 5-37　放置操控器

2）使用"放置操控器"工具操控选定位置的地点。

5.4.2 插补位置方向

可以使用"插补位置方向"命令在两个参考位置之间进行插补来调整位置的方向。在选择两个参考位置和它们之间的一组位置之后，该命令相应地调整位置的方向。可以使用图形查看器或操作树来选择位置，如图 5-38 所示。

图 5-39 显示了路径中前两个位置之间接近角度的急剧转变。在第二个位置之后，不再需要调整接近角度。

图 5-38　插补位置方向

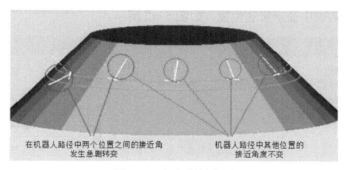

图 5-39　运行插补位置

运行插补位置方向后，如图 5-40 所示，接近角度的转换在路径中的所有位置之间平均分配，得到机器人的平滑进场路径。

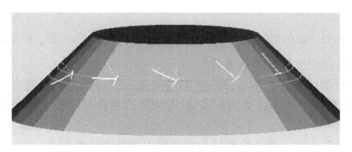

图 5-40　平滑进场路径

但是，对于焊缝和接缝位置，垂直线（如"焊接"选项卡中所设置的）必须始终保持与投影位置的表面垂直（参见"连续"选项卡）。为确保在运行插补位置方向命令时出现这种情况，可以选择其中一个轴以保持固定。

要在插补位置方向时设置固定轴，可在"插补位置方向"对话框的"固定轴"区域中选择所需的轴。

注意：*如果选择"焊接"选项卡中配置的垂线以外的固定轴，系统会提示重新确认。*

5.4.3 复制位置方向

使用"复制位置方向"命令，可以通过复制参考位置的方向来调整位置的方向。可以选择一个或多个位置，然后选择一个参考位置，系统相应地调整位置的方向。可以使用图形查看器或操作树来选择位置，如图 5-41 所示。

5.4.4 对齐位置

"对齐位置"选项可让将多个焊接位置的方向与另一参考焊接位置对齐，同时保持垂直轴与表面垂直。对齐对于确定所有位置的均匀焊接方向是有用的。焊接的进给方向是通过定义"文件"→"选项"→"焊接"中的接近轴而定义的。

1）在图形查看器或操作树中选择一个或多个焊接位置。

2）选择"操作"→"编辑路径"→"对齐位置"命令，弹出"对齐位置"对话框，并在"所选位置"列表中显示所选位置，如图 5-42 所示。

图 5-41　复制位置方向

图 5-42　对齐位置

3）单击对齐选定的位置以将其激活。

4）在图形查看器或操作树中选择一个参考位置，要将所选位置对齐到该参考位置（在图形查看器中选择对象时，光标变为＋）。参考位置的名称显示在"将所选位置对齐到"文本框中。

5）单击"确定"按钮，所选位置仅与垂直轴上的参考位置对齐。

5.4.5 反向操作

"反向操作"选项是一个路径编辑工具，该工具能够扭转当前操作的路径方向。当想要查看程序集中组件的组装和反汇编路径时，此选项很有用。

如果它们都嵌套在同一父级目录下，则可以反转多个路径的方向。在这种情况下，所选路径中的所有位置都被视为单个路径。反转路径位置时，需相应地反转运动类型参数。

可以为所有机器人操作（对象流操作、焊接操作和接缝操作）反转所选路径的方向。

1）在操作树中选择所需的操作（可以选择任何一种或多种支持的操作类型），所选操作显示在图形查看器中。

2）选择"操作"→"编辑路径"→"反向操作▸"命令，操作路径的方向反向。沿着路径上的箭头的方向，表示操作路径的方向（即机器人动作时的方向）。在连续机器人操作中倒转路径时，所有操作位置（在接缝和通孔位置内）都被视为单一路径。

"反向操作"选项也可以扭转特定的接缝（选择接缝并运行反向操作）。反转路径时，OLP 命令不受影响。必要时可手动调整它们，如图 5-43 所示。

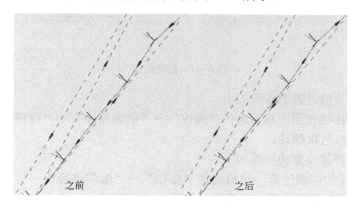

图 5-43　反向操作

5.4.6　位置前移/后移

1．位置前移

"位置前移"选项是一个路径编辑工具，该工具可以通过将一个位置向前移动到路径的开始位置来改变路径中位置的顺序，也可以使对象流或经过点向前移动一个位置。

在路径中选择所需的位置，然后选择"操作"→"编辑路径"→"位置前移▸"命令，路径上位置的顺序根据所选位置而变化。例如，如果在路径编号为 loc1、loc2、loc3 和 loc4 的路径上有 4 个位置，然后选择 loc3 并发出"位置前移"命令，则位置顺序将更改为 loc1、loc3、loc2 和 loc4。位置的姿态不会改变，只会改变路径中位置的顺序。

2．位置后移

"位置后移"选项是一个路径编辑工具，该工具可让通过将一个位置向后移动到路径的结束位置来改变路径中的位置顺序，也可以使对象流或经过点向后移动一个位置。

在路径中选择所需的位置，然后选择"操作"→"编辑路径"→"位置后移▸"命令，路径上位置的顺序根据所选位置而变化。例如，如果在路径编号为 loc1、loc2、loc3 和 loc4 的位置有 4 个位置，然后选择 loc2 并发出"位置后移"命令，则位置顺序将更改为 loc1、loc3、loc2 和 loc4。位置的姿态不会改变，只会改变路径中位置的顺序。

5.4.7　翻转位置

"翻转位置"选项，可以将焊接位置的表面围绕接近轴翻转 180°，接近轴在"选项"对话框的"焊接"选项卡中定义；或者，可以翻转实体上的焊接位置并指定翻盖中包含的零件，如图 5-44 所示。

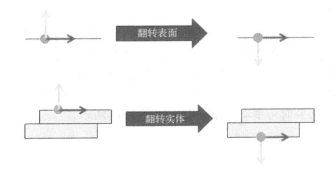

图 5-44　翻转位置

在表面上翻转接缝位置的步骤如下。

选择要翻转的接缝位置，然后选择"操作"→"编辑路径"→"翻转位置 ⚡"命令，选定的接缝位置沿其接近轴翻转。

在固体上翻转焊接位置的步骤如下。

1）选择要翻转的焊接位置，然后选择"操作"→"编辑路径"→"在实体上翻转位置 ⚡"命令，弹出"翻转焊接位置"对话框，如图 5-45 所示。

图 5-45　"翻转焊接位置"对话框

2）焊接位置和零件清单显示选定的焊接位置及其相关零件。修改列表如下：要从焊接位置移除焊接位置或零件，则选择它们并单击移除。由于焊接点投影、焊接位置附加在零件上，因此粗体显示的零件不能直接从列表中移除。要移除这样的零件，首先要翻转焊接位置以将其连接到另一个零件，然后移除粗体的零件。

要将零件添加到焊接位置，可在"翻转焊接位置"对话框中选择一个焊接位置，然后单击"添加零件"按钮，弹出空的"添加零件"对话框。

从图形查看器中选择零件或者要添加到焊接位置的树，单击"确定"按钮，零件被添加到选定的焊接位置下。

3）单击"翻转焊接位置"对话框中的"翻转"按钮来翻转焊接位置。选定的焊接位置围绕它们的接近轴翻转并沿着它们的垂直轴线转换到零件的另一侧。系统使用"选项"对话框的"焊接"选项卡中定义的方向标准翻转焊接位置。当在实体上使用"翻转"时，系统还使用"零件间许用间隙"参数来定义将被翻转的零件的位置。单击 图标显示"选项"对话框并编辑这些设置。

5.4.8　自动计算和创建最佳无碰撞路径

自动路径规划器命令可以自动计算并创建一个最佳的、无碰撞的操作路径，这个创建的操作路径可以是焊接操作、拾取和放置操作、通用的机器人操作、对象流的操作、连续的特征操作，以及仅限焊枪操作（不指定机器人的操作——焊接由人工操作员手工完成）。在计算最佳路径时，自动路径规划器可以添加或删除经过位置，但每个运动段的第一个和最后一个位置保持不变。即使 OLP 命令的位置已被移除，OLP 命令也会保留，并且包括附加/分离或抓取/释放 OLP 命令的位置会自动标记为固定。附件更改在路径规划期间也考虑在内（例如，抓取零件的机器人），从而为机器人和被抓握部分计算无碰撞路径。无碰撞意味着系统根据激活的碰撞集合运行自动路径规划器计算。有关激活碰撞集的信息，请参阅 10.1 节"干涉查看器"（也叫"碰撞查看器"）。

自动路径规划器将操作划分为位置集，称为段。每个段包含固定的开始和结束位置，还可以包含中间的非固定位置。对于每个段，自动路径规划器会规划一条无碰撞的路径，然后对规划的路径进行优化。

计算出无碰撞路径后，可以使用手动工具（例如"操纵位置"）来微调最终结果。用于装配和拆卸过程以及机器人操作的自动路径规划器可以使用现有的 via 位置来指导解决方案，使路径朝向所需的方向。可以定义特定的碰撞集，且其仅包含正在检查的相关对象。碰撞检测仅适用于显示的对象，因此可以在运行自动路径规划器之前隐藏与碰撞检测无关的对象（请参阅 10.1 节"干涉查看器"）。

在机器人操作上运行自动路径规划器时，应将 config_family 和 joint_config_family 设置为 J3、J4 和 OH（即 overhead）或 J3、J5 和 OH，这确保了自动路径规划器运行时没有不一致。有关运动参数的更多信息，请参阅...\eMPower\Help\Additional Reference Material 下的 motionparameters-e.pdf 文档。

当仅在喷枪操作中运行自动路径规划器时，系统根据工作坐标系实现喷枪移动的对象流动类型。由于当前喷枪运动姿态用作参考，建议将喷枪姿态设置为"打开"。

如果选择了机器人焊接操作和人体焊接操作，则自动路径规划器将被禁用。所有自动路径规划器选项都保存在下一个 Process Simulate 会话中。

5.4.9　运行自动路径规划器

运行自动路径规划器的步骤如下。

1）从操作树中选择要运行自动路径规划器的对象流程操作或焊接操作（其中指定了一个机器人）。

2）选择"操作"→"编辑路径"→"自动路径规划器 "命令，弹出"自动路径规划器"对话框，如图 5-46 所示。

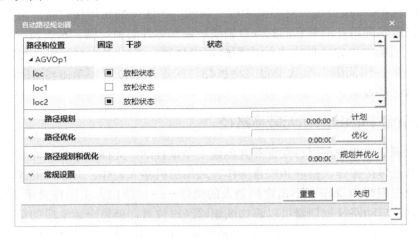

图 5-46 "自动路径规划器"对话框

"路径和位置"列显示选定操作的层次结构，每个操作的通孔位置和焊接位置都嵌套在其下面。对于多个操作，可以展开或折叠位置的显示。

3）检查每个通过位置的固定列，保留强制性的固定位置，并清除那些非固定的位置。一些强制性位置默认是固定的，不能更改，如焊接位置和操作的第一个和最后一个位置。在计算无碰撞路径时，自动路径规划器会删除可选的通过位置（并用新的通过位置替换它们），但保留强制性位置。

一组非固定位置（默认包含操作中的所有过孔位置）用于在路径规划过程中提供"引导"位置。自动路径规划器尝试在环境约束条件下尽可能在非固定位置附近建立新路径。碰撞类型有以下 3 种：无碰撞、碰撞或自我碰撞。

无碰撞：在该地点没有碰撞。

碰撞：由于定义的碰撞设置而在该位置检测到碰撞。

自我碰撞：机器人与其安装工具之间的碰撞，目前没有定义碰撞设置。自动路径规划器计算自我碰撞时，考虑到机器人的几乎所有运动学环节（除了最后两个环节），并检查它们与任何附着在机器人上的东西（如焊枪）。

操作开始和结束位置（或操作中的每个段，如果段已定义）以及所有流程和焊接位置都是强制性的。它们是灰色的，不能更改。

对于由于工作工具更改、工具框更改或使用 Mount/Unmount OLP 命令而导致 TCP 坐标发生更改的操作，可以使用自动路径规划器。在这些情况下，TCP 位置被锁定，以便与自动路径规划器配合使用。

如果更改是由更换工作工具或更换工具坐标引起的，则插入两个固定位置（开始和结束）之间的新创建的位置使用结束位置的 TCP 坐标；如果更改是由使用 OLP 命令引起的，则使用"开始"位置的 TCP 坐标（喷枪尚未安装）。

4）当自动路径规划器创建新的经过点时，自动路径规划器会根据所添加经过点的运动模式来指定其运动类型（关节或线性）。段的运动模式在运动模式列中定义，位于段的目标位置旁边。要更改运动模式值，可从列表中选择它，或右键单击一个或多个选定位置，然后在所选位置采用相同运动类型值之前，从上下文菜单中选择所需值，由自动路径规划器添加，如图 5-47 所示。

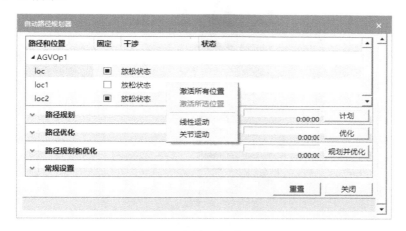

图 5-47　创建新的过孔位置

段的目标位置的运动类型不受此操作的影响。

运动栏仅可用于焊接操作。位置的运动类型显示在路径编辑器中。

5）默认情况下，自动路径规划器在完成操作时运行。但是，如果希望调查路径的特定部分，则可以选择要运行自动路径规划器的特定段（两个或多个位置的集合）。

① 选择希望运行自动路径规划器的段，可以使用标准的 Windows 组合键进行多项选择。

② 右键单击激活选定的位置。设置为活动的范围将突出显示，其他范围将显示为灰色。自动路径规划器将每个段的第一个和最终位置设置为强制性（如果可选）。当运行自动路径规划器时，它只会检查选定的段。

③ 右键单击网格上的任意位置，然后选择激活所有位置以清除选择。当运行自动路径规划器时，它会检查完整的操作。

6）确定自动路径规划算法的分辨率（精确度）。"精确"提供了无碰撞的最终结果，但它增加了计算时间；"快速"减少了计算时间，但在最终结果中可能会保留小的冲突。

① 如果段由于碰撞而无效，则自动路径规划器会计算包含碰撞位置的路径。对于碰撞位置，算法找到最接近的无碰撞位置并计算从该无碰撞位置开始的路径。最终路径包括碰撞位置和相应的无碰撞位置。

② 当勾选"允许干涉固定位置"时，自动路径规划器将试图找到第一个位置附近的无干涉位置，如果失败，则会发出碰撞警告。在"路径优化"部分将"优化类型"设置为"周期时间"优化，将会禁用"允许干涉固定位置"模式。

③ 而对于对象流操作，可以选择配置一个"截面体"来限制自动路径规划算法，且必须运行"激活截面"并将截面设置为"外部裁剪"模式。自动路径规划器不考虑其他任何路径的外部截面。配置相关段的截面减少了算法的执行时间，并只产生有用的结果。要激活它，可设置"考虑活动截面"选项，显示活动截面的名称；否则，它显示"无"或"多个"。

其中"截面"的设置在"视图"菜单栏的"截面"选项中，如图 5-48 所示。

图 5-48 "截面"选项

当考虑设置活动部分时，如果希望只包含机器人/设备在部分体积内的碰撞，则可以设置包含设备；如果希望在部分体积内部和外部包含机器人/设备的碰撞，则清除此选项。

④ 对于"对象流"操作，"路径规划"部分显示磁铁点选项，以帮助在解决方案非常复杂的情况下发现无障碍路径。"更新显示"复选框被自动激活，允许软件在规划算法中尝试寻找无碰撞路径时查看寻找的进度。

- 单击磁铁图标 ，自动路径规划器会创建要移动零件的重复的重影图像，并将放置操作符附加到重影零件。
- 使用操控器移动虚影部分（连同实际部分）以帮助发现无碰撞路径。
- 可以通过单击第二个磁铁图标将零件返回到其最后一个有效的无碰撞位置，单击 图标以允许尝试从最后一个位置进行选择。
- 再次单击 磁铁图标停用磁点功能，如图 5-49 所示。

图 5-49 设置活动部分

7）按计划在路径规划部分计算无碰撞路径。在第一次迭代中，自动路径规划器会标识移动对象（或机器人）与组件碰撞的强制位置，并使用 "状态"列中的图标标记它们；标识分配的机器人无法到达的位置，并使用 "状态"列中的图标标记它们；标识移动对象（或机器人）与活动部分碰撞的位置，并使用 "状态"列中的图标标记它们；标识包含要删除的 OLP 命令的可选位置。

如果检测到有问题的位置，则发出以下警告，如图 5-50 所示。

单击详细信息以查看违规位置，然后单击"继续"按钮以继续计算，尽管存在问题或中止取消计算。如果

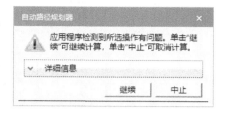

图 5-50　警告

按下"继续"按钮，则自动路径规划器不会执行有问题的操作段，但会执行具有 OLP 命令的非固定位置的段，然后将这些通过位置与相应的 OLP 命令一起删除。

在单击"计划"按钮之前，需确保路径模拟运行平稳，即没有警告或错误。导致警告或错误的路径段将被跳过，并在"状态"列中出现一个指示。

在第二次迭代中，自动路径规划器：计算选定操作中每对固定位置的无碰撞路径；在每次成功计算时，用 图标标记这对位置中的第二个位置；必要时删除可选位置或添加地点。图 5-51 显示了在碰撞被移除之前和之后的路径。

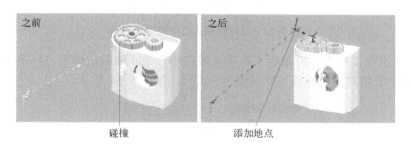

图 5-51　碰撞被移除之前和之后的路径

为连续操作执行路径规划时，自动路径规划器不会更改接缝，它只通过位置添加以确保接缝之间没有碰撞。当前段的计算进度显示在自动路径规划器进度栏中，如图 5-52 所示。

e257	■	Joint	放松状态	↻
e260	■	Joint	放松状态	↻"
e263	■	Joint	放松状态	↻"
e266	■	Joint	放松状态	↻"
∧　路径规划			▮▮　　0:00:25	停止

图 5-52　连续操作执行路径规划

8）如果希望在运行时停止自动路径规划器，则单击"停止"按钮。当前计算的状态用 ↻ 图标标记。再次单击"计划"按钮以恢复当前计算。如果希望跳过特定段的计算，则在计算过程中右键单击相应位置，然后选择"跳过段"选项，如图 5-53 所示。

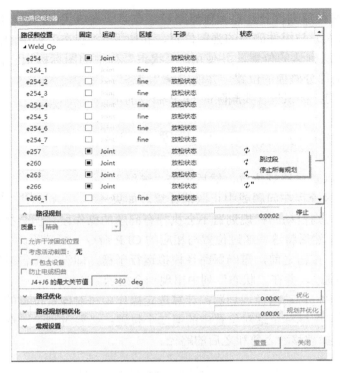

图 5-53　运行时停止自动路径规划器

9）为了防止电缆扭曲，可激活"防止电缆扭曲"选项使系统确保 J4+J6 的最大关节值的绝对值总和小于用户指定的值（默认值为 360°），如图 5-54 所示。

图 5-54　"防止电缆扭曲"选项

10）单击"优化"按钮，可以按照如下选项进行优化：在优化对象流操作时，自动路径规划器提供两种优化标准之间的选择。

● 距离：在规划路径时，尝试最小化目标所经过的距离，该操作仅在选择对象流操作时显示，如图 5-55 所示。

图 5-55　对象流操作

在"类型"复选框中，选择"快速"或"精确"选项。

● 所需间隙：当物体穿过障碍物时，试图集中控制物体所经过的路径，如图 5-56、图 5-57 所示。

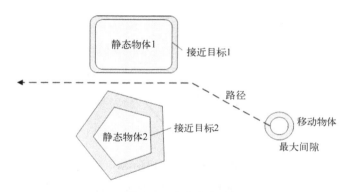

图 5-56　期望的间隙

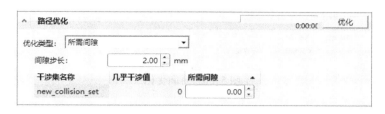

图 5-57　路径优化

"几乎干涉值"列中的值来自"干涉查看器"中活动碰撞集的几乎干涉值；这些代表了无碰撞的路径。当选择"所需间隙"优化类型时，自动路径规划器尝试查找比其近似未命中值更远离对象的路径。它在迭代过程中通过将间隙步距增加到设置的所需间隙值（如果可能）来实现此目的，从而定义最佳路径。该间隙区域被认为是碰撞计算对象的一部分。

自动路径规划可以允许在自动路径规划器中定义围绕动态对象的缓冲区的大小，如果可以，该路径可以确保移动物体缓冲器周围的所需间隙不接触或进入静止物体周围的间隙区域；否则，系统允许所需的间隙接触或进入间隙区域。

优化焊接操作时自动路径规划器提供三种优化标准之间的选择。

● 关节行程：尝试在规划路径时最小化关节行进的距离。该选项仅在选择焊接操作时显示，如图 5-58 所示。

图 5-58　关节行程路径优化

在"类型"复选框中，选择"精确"可以添加更多位置以达到更高的精度，或者选择"快速"以使用更少的位置。虽然"关节行程"这种优化标准不太精确，但确保了更快的性能。激活此选项时，系统会缩短路径的长度并且增加更多的中间位置，以适应障碍物的形状，如图 5-59 所示。

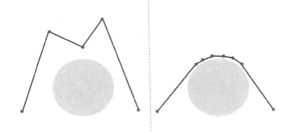

图 5-59　优化过程示意

● 所需间隙：当物体穿过障碍物时，试图集中控制物体所经过的路径，如上所述。
● 周期时间：指示系统在规划路径时使用时间优化，如图 5-60 所示。

图 5-60　时间优化

选择下列选项之一。

① 区域指派：尝试通过将不同大小的区域分配给位置，但不添加、删除或操作路径位置，尝试缩短已无碰撞路径的周期时间。区域指派过程通常比完全优化运行速度快得多，并且消耗更少的系统资源。

② 完整：计划无碰撞路径，通过添加、移除和操作位置并分配各种大小的区域来优化路径周期时间。这个优化过程在后台执行许多模拟[通常使用 RCS（机器人控制器仿真）]。此过程可能非常耗时且优化的速度取决于与 RCS 服务器的连接质量。

11）如果希望放弃自动路径规划器的结果并恢复到初始路径配置，则单击"重置"按钮。

如果希望在一体化流程中运行路径规划和路径优化，则在"路径规划和优化"部分中单击"规划并优化"按钮执行这两个操作；也可以先后单击"计划"按钮和"优化"按钮。

5.4.10　配置自动路径规划器常规设置

1）单击常规设置。对于分配有机器人的操作，常规设置如图 5-61 所示。

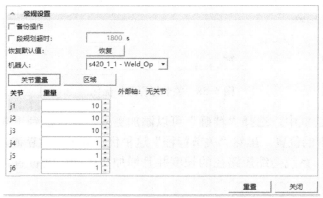

图 5-61　自动路径规划器常规设置

对于对象流操作，常规设置如图 5-62 所示。

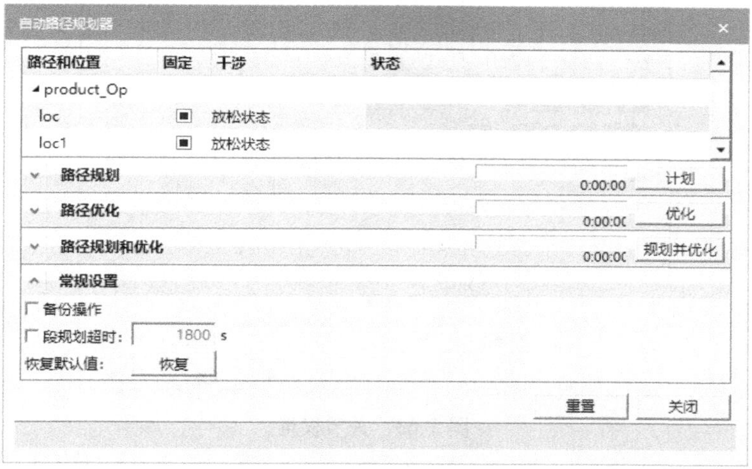

图 5-62　对象流常规设置

2）如果希望在运行自动路径规划器之前创建所选操作的备份，则设置"备份操作"。备份操作名为<原始_名称>_backup，并位于原始操作旁边。

重置不会恢复备份的操作。

3）如果希望为计算路径的每个段设置时间限制，则设置"段计划超时"。如果系统在这段时间结束时尚未对当前段进行优化，则会放弃该段并转到下一段。默认情况下，此设置未激活。检查段计划超时，启用默认时间 1800s，然后可以根据需要设置超时。

4）如果不满意，则单击"恢复"按钮以重置默认值；如果完成，则单击"关闭"按钮。

5）从机器人列表框中选择想要配置关节的机器人，下拉列表显示在自动路径规划器中选择的操作机器人。

6）将相对权重分配给所选机器人的关节。

"关节重量"对话框还显示外部关节，并可以为它们配置相对权重。

这会导致自动路径规划器为较高的相对权重（0～10 之间的值）移动关节分配更高的优先级。例如，当工作流程需要在拥挤的环境中访问焊接点时，可以将较高的相对权重分配给机器人关节旋转焊枪，这会导致自动路径规划器在移动机器人手臂的相对权重较低的关节上进行选择，由此产生的路径更有可能避免在禁区内发生碰撞。

7）单击"区域"按钮，如图 5-63 所示。

8）选中以下选项之一。

● 将设置应用于所有运动类型：要添加的区域定义与线性运动和关节运动都有关。

● 为不同的运动类型分别定义：从下拉列表中选择运动类型（线性或关节），并为指定的运动类型添加区域定义。

9）添加区域定义如下：单击"添加"按钮，在新行中出现一个新的区域定义。从区域下拉列表中选择希望添加的区域定义。

10）如有必要，从区域列表中选择区域定义，然后单击"移除"按钮。默认机器人控制器的区域为细、中、粗和节点。

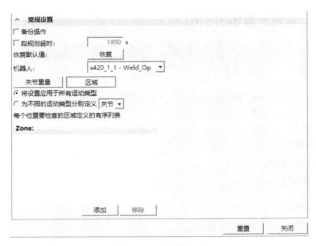

图 5-63　关节权重

在区域列表中,第一个区域必须对应于"良好"区域。所有较大的区域必须按升序列出(从小到大)。列表中区域的数量影响计算时间,建议将最多 4 个区域添加到列表中。

周期时间优化的重要考虑因素如下。

当使用默认控制器时,循环时间优化过程在后台执行模拟,使用机器人特定控制器或 Process Simulate MOP(MOP,即运动规划期)引擎。对于这些模拟,系统使用当前的模拟时间间隔设置。为了创建无碰撞路径,有必要在执行计算之前调整模拟时间间隔和动态渗透值。

由于模拟在后台执行,与关节行程优化相比,循环时间执行优化的持续时间通常较长。因此,在使用 RCS 时,确定条件对于运行连接来说是最佳的,例如使用本地服务器很重要,这是因为网络限制使得远程 RCS 服务器可能会妨碍性能。

11)对于对象流操作,可以在操作中的所有固定位置配置模拟零件的平移和旋转限制。勾选"平移限制"区域下 X、Y、Z 对应的复选框如图 5-64 所示。

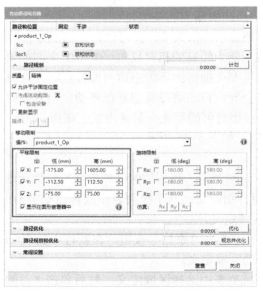

图 5-64　对象流操作

"平移限制"选项可以限制移动部分的平移范围。配置后，所有创建的位置都位于设置的平移限制内。当运动组件位于操作的第一个位置时，平移限制与操作的抓握坐标系有关，这意味着起始位置的 *X*、*Y* 和 *Z* 值为 0, 0, 0。*X*、*Y* 和 *Z* 轴的定位方式与第一个位置的抓握坐标系相同。

可以在 *X*、*Y* 和/或 *Z* 轴上定义平移限制，如下：检查 Tx（例如）并配置下限和上限转换值。系统显示平移限制，如图 5-65 所示。

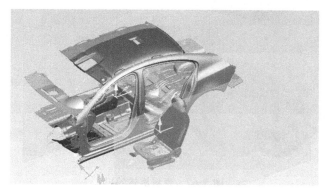

图 5-65　检查

如果定义的限制不包括操作的所有固定位置，系统将显示错误消息。修复限制并继续。检查锁定以防止任何平移，不要更改平移参数以允许任何平移。勾选"旋转限制"区域下 Rx、Ry、Rz 对应的复选框如图 5-66 所示。

图 5-66　路径优化

所有旋转值都与操作中第一个位置的旋转状态有关。为每个旋转平面执行以下操作之一：检查 Rx（例如）并配置下限和上限旋转值。可以单击"旋转限制"区域下"仿真"中的 Rx、Ry、Rz 按钮查看旋转效果，如图 5-67 所示。

检查锁定以防止旋转，不要更改旋转参数以允许任何旋转。

5.4.11　镜像

"镜像"命令可以创建现有操作的镜像反转。在进行重复的镜像倒装操作时，使用镜像操作命令可以简化工艺规划步骤。

"镜像"命令可以为镜像反转指定一个平面，然后查找或创建属于源操作的对象（资源、焊接点、MFG 和操作）的镜像等价物；可以搜索已存在于镜像位置的对象，并且如有必要，可以在镜像位置创建新对象。

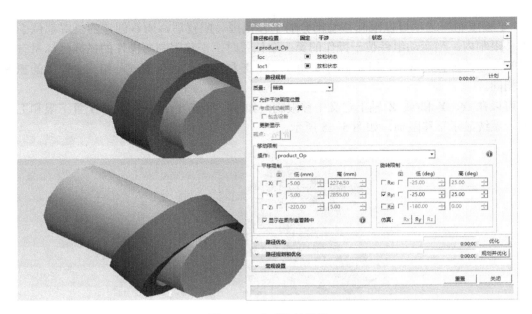

图 5-67　查看旋转效果

对于焊接点，可以搜索 MFG 库中的对象以及已经加载到当前研究中的对象。对于资源，可以搜索当前的研究。

无法搜索或创建零件或孪生资源（工厂、生产线、区域或工位资源），但是可以从研究中选择现有零件或资源以包含在镜像操作中，即使它们是相同的资源、对象或零件用于源操作。同样，无法为人体仿真（参见 1.5.5 节）和孪生资源以及孪生操作找到或创建镜像对象。

镜像命令适用于所有操作类型。可以对单个操作和双操作执行镜像命令，但不能对多个操作执行镜像命令。

在镜像孪生对象时，必须在启动镜像之前手动创建孪生结构，系统不会创建孪生对象。

1）选择想要镜像的操作，然后选择"操作"→"编辑路径"→"镜像 ▲"命令，弹出"镜像"对话框，选择的操作显示为源操作一起打开，如图 5-68 所示。

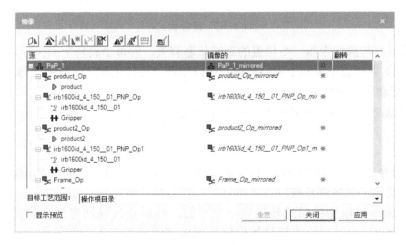

图 5-68　镜像

默认镜像平面显示在图形查看器中，如图 5-69 所示。

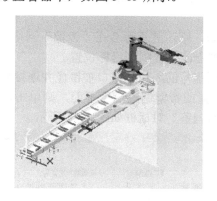

图 5-69　镜像平面

在"源"列显示源操作的树，所有的分配对象（资源、外部轴等，以及显示在"操作"菜单栏中的操作属性）显示为子对象。可以将资源分配给操作，并将这些资源视为"源"列中操作的子对象。如果分配的资源是复合资源/设备，则"源"列也显示其分层结构。另外，可以创建或选择镜像对象，系统会将它们分配给镜像操作，如图 5-70 所示。

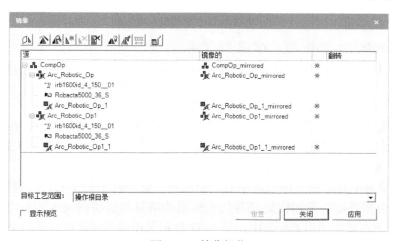

图 5-70　镜像操作

在此示例中，将资源 Robot_left 和 Gun_left 分配给焊缝操作 LH。镜像应用程序创建新操作 Weld Operation RH，并将新的资源 Robot_Right 和 Gun_Right 分配给新操作。

应用程序自动使用新操作填充镜像列，以充当创建镜像对象的目标操作。只能单击默认目标操作以进行连续操作、孪生操作或焊接操作，并选择一个当前存在的操作作为目标。目标操作必须与源操作相同，例如，如果源操作是通用机器人操作，那么目标操作也必须是通用机器人操作。

如果源操作不是连续操作、孪生操作或焊接操作，则系统在镜像列中显示新操作，不能将新操作交换为当前存在的操作。可以通过在目标单元中删除它们来从镜像中排除接缝操作。在这种情况下，相关的连续制造特征（MFGS）也不会被镜像，位置不会显示在"源"列中。

如果焊接操作的外部 TCP 设置处于活动状态，则目标操作的外部 TCP 设置也处于活动状态；反之亦然。

如果目标操作已分配资源，则这些资源会在"镜像"网格中自动与源操作资源匹配。默认情况下，系统将外部轴位置上的值复制到目标位置。

镜像逻辑资源时，连接到信号的入口和出口被镜像并连接到新的镜像信号。

2）如果不想使用默认设置或希望调整镜像平面，则单击 凸 图标调整镜像以定义镜像过程的反射平面。该"镜像平面调整"对话框如图 5-71 所示。

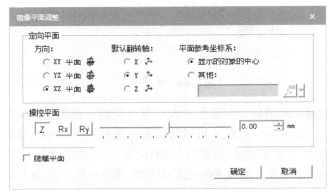

图 5-71 "镜像平面调整"对话框

① 在方向区域中，选择 XY、YZ 或 XZ 平面。

② 在默认翻转轴区域中，选择要翻转的三个轴中的一个，其他两个轴将根据平面进行镜像。翻转轴被翻转以保持轴之间的关系，例如，如果选择 X 轴，Y 和 Z 轴将根据平面镜像，并且根据 Y 轴和 Z 轴来翻转 X 轴以保持方向。

如果希望覆盖默认的翻转轴，则在"镜像"对话框中选择对象，单击相关行中的翻转列，然后选择所需的轴。但是，如果在配置覆盖后更改默认翻转轴，则覆盖将重置为全局值。

③ 在"平面参考坐标系"区域中，指定要定义镜像平面的参考坐标系。如果希望定义的平面相对于研究中对象的包围框的中心，则选择"显示对象的中心"。选择"其他"来定义另一个参考坐标系。有关如何定义替代坐标系的信息，请参阅 4.3.7 节"创建坐标系选项"。创建的平面出现在图形查看器中。图 5-72 显示了图形查看器中显示的平面。

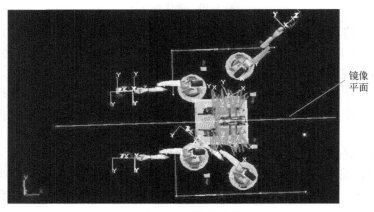

图 5-72 图形平面

④ 使用"镜面平面调整"对话框的"操纵平面"区域来微调创建的平面的位置。可以执行以下任何操作。

单击 Z 以沿 Z 轴平移平面。

单击 Rx 旋转围绕 X 轴的平面。

单击 Ry 以围绕 Y 轴旋转平面。

⑤ 如果不希望平面在图形中显示，则选中隐藏平面。

⑥ 如果对镜像平面的位置感到满意，则单击"确定"按钮。

3）在"镜像"对话框中，使用以下选项的任意组合为剩余焊接点和其他源对象查找或创建镜像对象。

单击 图标运行自动镜像选项。"自动镜像"会在当前研究中搜索镜像列表中所有没有匹配的源对象的候选镜像。镜像列中出现的任何镜像对象的名称都会显示在镜像列中。对于所有操作以及在研究中未找到任何现有镜像对象的资源，"自动镜像"会建议要创建的镜像对象的名称。建议的名称在"镜像的"列中以斜体显示，在当前研究中找到的对象名称不以斜体显示。

无法搜索或创建零件或孪生资源（工厂、生产线、区域或工位资源），但可以从研究中选择现有零件或资源以包含在镜像中。图 5-73 显示了现有镜像对象和建议的镜像对象的组合。

镜像对象在右列中标记如下。

＊：新对象，文本以斜体字体显示。

：现有对象，文本以粗体显示。

：该对象使用镜像搜索进行定位。

单击 图标搜索当前研究的镜像候选资源和焊接点，在单击之前需选择资源和焊接点。

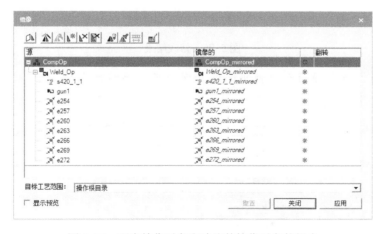

图 5-73　现有镜像对象和建议的镜像对象的组合

单击 图标为每个选定的源对象创建一个新的镜像对象。要创建的镜像对象的名称以斜体显示在"镜像"列中。只有在此过程结束时单击"应用"按钮之后，才会真正创建对象。单击 图标以清除镜像列中的选定对象。

单击 图标以清除镜像列中的所有对象和接缝和孪生操作（所有其他操作保持原位）。单击 图标以在图形查看器中显示选定的对象。单击 图标以突出显示选定的一组对象。选择一对对象时，源对象的颜色为橙色，镜像对象的颜色为蓝色。

可能希望使用外部轴调整镜像对象的位置或方向：如果将机器人安装在导轨上并且目标位置存在障碍物，则可以单击 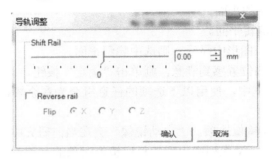 图标以打开"导轨调整"对话框，如图 5-74 所示。

图 5-74　"导轨调整"对话框

如果修改 Shift Rail 值，则会得到以下结果，如图 5-75 所示。

图 5-75　修改结果

也可以使用"反向导轨"设置来翻转镜像对象。系统也会相应地修改外部轴的值，如图 5-76 所示。

路径与位置	导轨值
LEFT_SIDE	
LEFT1	
V1	3200 mm
V2	2000 mm
V3	2000 mm
V4	3200 mm
LEFT2	
LEFT_SIDE_mirrored	
LEFT1_mirrored	
V1_mirrored	6044 mm
V2_mirrored	4844 mm
V3_mirrored	4844 mm
V4_mirrored	6044 mm
LEFT2_mirrored	

图 5-76　使用"反向导轨"设置来翻转镜像对象

单击 图标以配置可选的镜像设置，"镜像设置"对话框如图 5-77 所示。

图 5-77 "镜像设置" 对话框

设置以下任何选项并单击 "确定" 按钮。

① 设置 "搜索半径" 的范围。这决定了源对象的精确镜像位置周围的区域，在研究中使用 "🔨" 或 "🔨" 图标在其中搜索镜像候选对象。

② 勾选 "若已定义，则仅考虑库范围中的制造特征"，来将制造特征的搜索限制为库范围。

③ 为镜像创建的组件配置 "命名规则"，有以下几种方式。

a. 选择 "添加" 以使用添加的源组件名称。选择 "后缀" 或 "前缀"，然后输入想要添加的文本。该系统对所有新组件都进行了相同的添加。

b. 激活命名规则表以使用带修改文本的源组件名称。

● 单击 "+" 图标创建一个规则（或 "-" 图标删除一个规则）。

● 对于每个规则，在 "替换" 下输入要进行修改的文本，在 "替换为" 下输入修改后的文本，也可以在 "描述" 中输入说明。

● 可以使用 "⬆" 和 "⬇" 箭头对表中的每一项进行排序。

● 规则顺序很重要，因为系统是按照从表的顶部向下评估的规则；如果系统匹配到源对象名中的 "替换" 规则，并根据该规则在 "替换为" 中替换掉目标对象名，则忽略该表中其余的规则。

● 如果系统找不到匹配项，并且勾选了 "若没有规则适用，则添加" 复选框，系统将给源名称按照配置添加前缀或后缀。

● 只评估在命名规则表的第一列中检查的规则，清除一个特定的规则来忽略它。

● 如果规则配置不正确，系统将会在对应的规则列中旁边显示感叹号。

c. 以下是可能的命名规则的示例。

● Replace = 123，With = 456：系统将源名称中的 123 替换为目标中的 456。例如，Robot123 变成 Robot456。

● Replace =（？<number> [0-9] [0-9] [0-9]）_ I，With = $ {number} _r：系统将搜索源名称中有 3 个连续数字组成的字符串，如 Robot123_I，并将_I 替换为 _r，其他符号

不变。例如，Robot123_I 变成 Robot123_r。

● Replace =（? <string> \ w +）[0-9] _I，With = $ {string} 6_r：系统将搜索所有的至少包含数字的源名称，该数字介于 0 和 9 之间，如 Robot3_I；然后用 6_r 来替换 3_I。例如，Robot3_I 变成 Robot6_r。

④ 通过以下一种或两种方式为镜像创建的机器人信号配置"信号命名规则"。

a. 勾选"将机器人名称替换为镜像机器人名称"。在这种情况下，作为源信号名称一部分的机器人名称被替换为新机器人的名称。例如，如果机器人 Rob1 包含以 r1_为前缀并且镜像到机器人 Rob2 的信号，则所有目标信号将具有前缀 r2_而不是 r1_。

b. 勾选"替换"类型的文本进行修改，并在"替换为"后输入修改后的文本。

4）要包含在每个部分的镜像部分源列，选择部分源列，然后单击要在图形查看器或对象树中使用的部分；或者，键入对象的名称，选择的零件名称出现在镜像列中。

5）如果系统在镜像列中列出了新资源，则可以单击资源并从图形查看器或对象树中选择当前存在的资源（与源匹配）。

6）如果希望在除第 2）步中设置的默认平面以外的平面上翻转对象，则单击相关对象的"翻转"列，如图 5-78 所示。

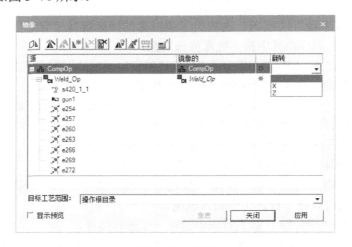

图 5-78　翻转

在这个例子中，"翻转"列中的 Y 是默认的翻转平面（只可以选择 X 或 Z 平面）；也可以选择多个对象，然后右键单击一个对象的"翻转"列以将其全部更改。

7）在"目标工艺范围"文本框中，输入要在其下创建镜像操作的复合操作的名称。目标进程范围必须是一个复合操作，而不是源操作的子操作。

8）如果希望在更改数据库之前查看镜像操作的预览，则勾选"显示预览"。源图形和现有目标对象在图形查看器中保持不变，新对象以透明模式显示，超出镜像范围的所有当前显示对象都以透明灰色显示，如图 5-79 所示。

预览是动态的，在"镜像"对话框中所做的任何更改都会立即在图形查看器中实现。

如果 在显示预览处于活动状态时单击以突出显示选定的一对对象，则源对象将显示为蓝色，而镜像对象显示为黄色，"镜像"对话框网格中这些对象的背景也会相应地着色。

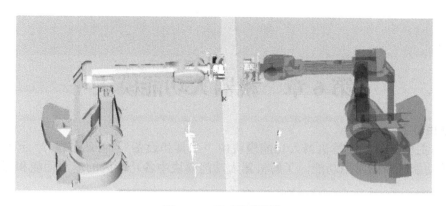

图 5-79　显示镜像预览

如果单击"应用"按钮后预览仍然处于活动状态，则系统会自动关闭预览。

9）单击"应用"按钮以执行镜像反转过程。镜像操作是在指定的目标进程范围下创建的，将镜像列中的所有对象分配给镜像操作。建议创建的所有镜像候选项均已创建，其名称不再以斜体显示。对于没有列出镜像对象的源对象，结果取决于以下对象类型。

操作：根据"镜像设置"对话框中配置的命名规则创建一个命名操作。在接缝操作的情况下，不会创建镜像操作，也不会创建 MFG。

资源：不创建任何镜像资源。

零件：不创建任何镜像焊接点。

焊点：在镜像位置创建一个通孔位置。

通过位置：根据在"镜像设置"对话框中配置的命名规则创建一个通过位置。

接缝操作：创建镜像接缝操作，包括制造和接缝位置。

如果在"源"列中有一个装有枪的机器人，并且未在"镜像的"列中的任何机器人上安装枪，则镜像命令将创建一个机器人并将枪安装在新机器人上。用于安装的镜像机器人坐标系是一个工具坐标系。镜子目标中使用的枪架与源中使用的枪架相同。如果找不到任何一种枪，则枪未安装在机器人上，可以使用安装工具来安装该工具。

10）单击"关闭"按钮，"镜像"对话框关闭。

视频 5-1　机器人
定义

视频 5-2　夹具
定义

第6章　机器人功能模块

【本章目标】

本章的主要任务：了解机器人功能模块中"工具和设备""可达范围""示教""程序""设置"等功能区中的常用功能，了解机器人功能模块中各功能区的基本功能和复杂功能的使用。

6.1　初始位置

"初始位置"命令的功能是将设备或机器人返回其初始位置。当设备或机器人的运动学定义好之后，先选择设备或机器人，然后在"机器人"选项卡中单击"初始位置"，从而实现设备或机器人返回初始位置功能，如图6-1所示。

图6-1　初始位置

6.2　限制关节运动

"限制关节运动"命令是用来切换关节活动受限的全局状态，当开启限制关节运动时，机器人的每个关节将会在其下限和上限之间调整；关闭限制时，则关节的运动不受限制。图6-2描述了物理和工作限制。

图6-2　物理和工作限制

- 深色区域：是指物理关节限制，表示实际的设备关节不能超过此限制，而物理限制由机器人制造商定义。如果限制关节运动关闭，则关节可以在"Process Simulate"中移动超过此限制。
- 白色区域：是指工作关节限制。可以扩展物理限制以确保机器人不接近实际的物理限制。这种添加的限制被称为工作极限，可以在"文件"→"选项"→"运动"中调整工作限制以适应当前的限制，将机器人的运动区域限制在工作关节限制以内有利于延长机器人的使用寿命。

● 灰色区域：是机器人的工作区域，在该区域内机器人可以正常工作。

在实际操作中，可以依次单击"机器人"→"工具和设备"中的"限制关节运动开/关"来切换关节运动限制，如图 6-3 所示。其中"选项"对话框的"运动"选项卡中的"极限关节运动"参数会自动设置，无须打开"选项"对话框再次切换取消限制关节运动，并且"选项"对话框的"运动"选项卡中的"极限关节运动"参数会自动清除，无须打开"选项"对话框。

图 6-3　限制关节运动开/关

6.3　指示关节工作限制

"指示关节工作限制"命令是用来切换极限计算的全局状态，该命令可以切换在关节超出工作限制时显示的指示符。在机器人或设备到达指示关节工作限制后，若调整关节超出其工作限制，Process Simulate 会计算并在以下所有地方显示关节限制的颜色指示。

1）图形查看器。

2）焊接分布中心。

3）自动接近角。

4）可达范围测试。

5）机器人查看器。

6）关节调整。

7）饼图。

8）智能放置。

注意：当设置了"指示关节工作限制"时，Process Simulate 将消耗大量系统资源。

6.4　安装工具

"安装工具 🗲 "命令可以将工具安装在机器人上。当机器人安装有工具时，该工具会随着机器人的工具坐标系移动而移动。

在实际生产中，通常会在机器人手腕安装一个工具来执行某些任务。例如，可以在机器人上安装焊枪，以便机器人可以在工作站的不同位置执行多个焊接任务。但是，有时因为执行任务所需的工具太大而无法安装在机器人上，在这种情况下，则是把待焊接的物体安装在机器人上，然后由机器人带到工具的位置，以执行所需的任务。默认情况下，在选择机器人之前，安装工具命令处于禁用状态。在机器人上安装工具的步骤如下。

1）明确需要安装至机器人上的工具组件。

2）选择一个机器人并单击"机器人"→"工具和设备"→"安装工具 🔧"命令，弹出"安装工具"对话框，如图6-4、图6-5所示。

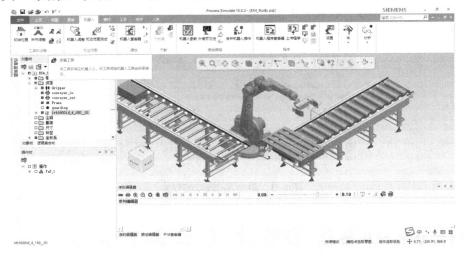

图6-4　安装工具

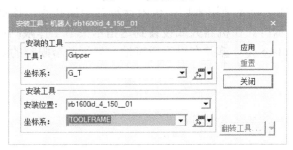

图6-5　"安装工具"对话框

3）在图形查看器或对象树中选择要安装的工具。当在图形查看器中选择对象时，图形查看器会显示工具的名称。

4）在"安装工具"对话框中的"安装的工具"文本框的"坐标系"下拉列表中为该工具选择参考坐标系，参考坐标确定如何将工具安装到目标机器人（或已安装的资源）上；也可以通过单击"参考坐标" 🔲 按钮旁边的下拉箭头，并使用所列4种可用方法之一指定坐标系的新位置来临时修改所选坐标的位置。

5）在目标机器人或资源上选择一个安装坐标系。

① 从"安装工具"区域的"安装位置"下拉列表中选择包含安装坐标系的机器人或资源，系统至少显示有一个可用坐标系的资源。

② 从"安装工具"区域的"坐标系"下拉列表中选择坐标系。

6）单击"应用"按钮。在"安装工具"对话框中选择的目标工具将移动到所选的机器人上或设备上，并且所选的坐标系也会对齐。如果有的话，机器人的 TCPF 移动到工具的刀架上。在机器人上安装伺服枪会自动将伺服枪关节添加到机器人外部轴列表中。

如果刀具安装不正确，则单击"重置"按钮将刀具返回到其先前位置，并更改刀具参考坐标系的位置。如果工具安装在正确位置但方向错误，则单击"翻转工具"翻转。通过从下拉列表中选择一个轴，该工具可以在所有方向（X、Y 和 Z 轴）上以 90° 增量翻转。

已完成安装的工具在对象树中会以""符号标记，如图 6-6 所示。

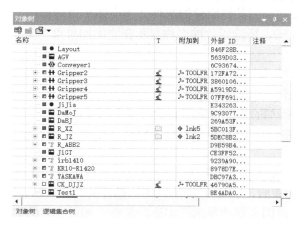

图 6-6　标记

7）当机器人成功安装工具之后，可以单击"关闭"按钮来关闭"安装工具"对话框。

6.5　卸载工具

所谓"卸载工具"，是指可以分离从机器人安装的工具或对象。当工具分离时，TCPF 坐标返回到机器人的工具坐标系。默认情况下，卸载工具命令处于禁用状态，直到选中安装在机器人上的工具或对象。

卸载工具步骤如下。

1）明确需要安装至机器人上的工具组件。

2）选择安装在机器人上的工具，然后选择"机器人"→"卸载工具 "命令，所选工具与机器人断开连接，TCPF 坐标移回机器人工具坐标系。尽管该工具在图形查看器中没有物理移动，但它已断开连接，现在可以独立操作机器人和工具。从机器人卸下的伺服枪会自动将伺服枪关节从机器人外部轴列表中移除。

6.6　附件

6.6.1　附加

使用"附加"命令可以将一个或多个组件附加到另一个组件。而且可以通过选择组件，打开对象树并显示"附加到"列来检查组件是否附加到另一个对象。

图 6-7　附件

1）在图形查看器或对象树中选择一个或多个组件，然后选择"主页"→"附件"命令，在下拉列表中选择"附加 📎"选项，弹出"附加"对话框，"附加对象"文本框中显示所选组件的名称，如图 6-7 所示。

也可以选择"附加"命令以显示"附加"对话框，并在图形查看器或对象树中选择要附加到其他组件的组件（当在图形查看器中选择对象时，光标变为＋）。所选组件的名称显示在"附加对象"文本框中。

2）指定附件的类型，如下。

单向：所连接的组件可以独立于它们所连接的组件移动。如果移动附加的组件或者被附加的组件，则所有组件将一起移动。

双向：如果移动连接的组件或组件连接的组件，则所有组件一起移动。

3）单击"到对象"文本框并在图形查看器或对象树中选择要将所选组件连接到的组件（在图形查看器中选择对象时，光标变为＋）。所选组件的名称显示在"到对象"文本框中。

如果选择一个实体，则会自动显示该实体的集合；如果实体的集合是一个块，则显示其链接或组件。

4）默认情况下，一般在附件区域中选择全局，这意味着附件保存在 eMServer 中，而不是存储在研究的工程数据中。例如，如果将机器人连接到全球的铁路，那么当在另一个研究中使用同一个机器人和铁路时，则两者已经连接上了。

注意：只能在资源之间创建全局附件。例如，如果选择全局时选择了零件，则系统返回错误。

5）如果不想全局保存附件，则选择本地存储附件。本地附件显示如图 6-8 所示。

图 6-8　本地附件

6）在将资源（例如设备：k160）全局附加到另一个资源（例如 link1）之后，可以在本地附加相同资源 k160 到附加资源（例如 link2）。在这种情况下，本地附件处于活动状态。这样可以在不破坏全局附件的情况下测试各种情况，如图 6-9 所示。

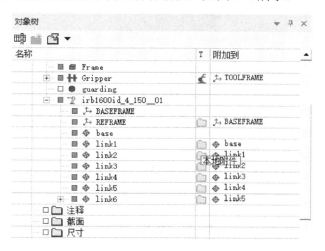

图 6-9　对象树

因此，移动 link2 还会导致 k160 移动，而移动 link1 不会移动 k160。如果分离 k160，则会删除本地附件（因为它当前处于活动状态），并且全局附件变为活动状态，移动 link1 则导致 k160 移动，而移动 link2 不移动 k160。

7）单击"确定"按钮。所选组件已附加，并可根据指定的附件类型在图形查看器中移动。如果"附件"列当前显示在"对象树"中，则附加组件的名称将显示在其附加的组件旁边。

如果删除了一个组件，那么附加到它的任何对象都不会被删除。组件保持连接状态，直到将它们分开。

6.6.2　拆离

"拆离"是指断开附加对象之间的连接，拆离附件之后，移动一个对象将不再移动另一个对象。当需要拆离两个对象时，先选择要拆离的附件，选择"主页"→"附件"命令，然后在下拉列表中选择"拆离 🐛"选项。如果禁用了拆离选项，则该组件不会附加到另一个对象，并且可以根据需要附加它。

此外，需要注意的是，当通过全局附件分离本地附件时，附件将恢复为全局附件。因此，要完全断开本地附件到全局附件的连接，必须两次运行拆离命令。

6.7　机器人调整

"机器人调整"命令可以调整所选设备的关节。它包含许多扩展区，可以扩展和折叠，以方便地访问操作机器人所需的命令，如图 6-10 所示。

图 6-10 机器人调整

当要使用机器人调整命令时，先选择一个机器人并分配给机器人位置，或设备原型以及其下的一个或多个机器人，可以使机器人调整命令可用。在"机器人调整"对话框中可以进行以下几个操作。

1）调整机器人时，可以通过将其锁定到选定的配置来限制机器人的移动，这确保了路径和接缝的光滑。

2）将机器人 TCPF 锁定在特定位置。调整机器人时，其所有关节都会进行补偿以保持 TCPF 位置。当机器人底座锁定在沿轨道移动的滑轨上时也是如此，或者可以选择从机架释放机器人底座。

3）显示并移动机器人的所有关节，既可以是内部的（如关节点动命令），也可以是外部的。

4）查看锁定的关节。

5）查看外部关节。

6）如果正在操作嵌套在设备下的机器人，并且机器人 TCPF 被锁定，那么移动机器人或其关节（包括外部关节）会导致设备的所有嵌套组件与机器人一起移动。另外，对于不是嵌套在机器人的父设备下，但是连接到机器人或其连接的组件也会跟着机器人一起移动。此功能有助于使用包含机器人本身及其所有附件的机器人设备。当机器人移动或旋转发生碰撞时，将考虑整个设备以及连接到机器人本身或机器人连接的所有组件。

1）在 Process Simulate 中进行机器人调整的操作步骤如下。

① 选择需进行操作的机器人或设备（参考在图形查看器中选择对象）。

② 选择"机器人"→"机器人调整 ⅶ"命令，弹出"机器人调整"对话框，如图 6-11 所示。在默认情况下，打开"机器人调整"对话框时，"操控"区域会展开，系统在机器人的工具坐标系上放置一个操控器坐标系，如图 6-12 所示。

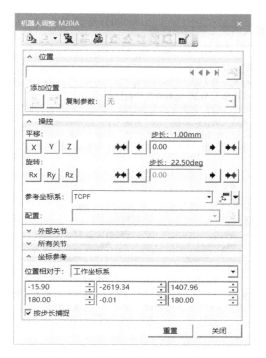

图 6-11 "机器人调整"对话框

图 6-12 操控器坐标系

③ 如果在启动机器人调整之前选择了某个位置，则"位置"区域也会展开并填充所选位置，如图 6-13 所示。应当注意的是，当选择的一个设备原型下有两个或更多机器人时，启动机器人调整将打开"机器人调整"对话框（在这种情况下，没有"位置"区域）。

图 6-13 "机器人调整"对话框"位置"区域

2）根据上述步骤打开"机器人调整"对话框后，可以执行的操作见表 6-1。

表 6-1　机器人调整工具栏功能表

图　标	名　称	描　述
	锁定 TCPF	将机器人的 TCPF 锁定在当前位置。设置完成后，机器人的 TCPF 在所有机器人调整命令以及任何其他影响机器人移动的命令保持当前的位置。当机器人移动时，它调整关节以补偿移动并确保机器人保持在其当前位置 　注意：锁定机器人的 TCPF 将删除放置操控器并折叠"机器人调整"对话框中的"操控"区域。如果机器人拥有外部轴，则"外部关节"区域将展开
	使能机器人放置和 使能机器人和附件链 放置	默认情况下，机器人的底座被锁定在当前位置。因此，当此选项激活时，机器人安装在滑轨上并沿导轨移动时，机器人将调整其关节以补偿移动并确保机器人 TCPF 保持其当前位置 ● 如果想释放机器人底座并更改机器人的位置，则设置启用机器人放置。注意：该功能在机器人的底座上应用放置操控器，并展开"机器人调整"对话框中的"操控"区域 ● 单击图标中的箭头并选择启用机器人和附件链放置。这样可以将机器人与所有连接的对象（例如导轨）一起移动
	设置位置的外部值	使用户能够配置和存储当前位置上机器人关节的外部轴的逼近值。双击此图标将自动设置所选位置上的外部轴的值。注意：该功能仅在跟随模式打开时可用
	清除位置的外部值	清除当前位置的外部轴值
	显示依赖关节	默认情况下，"机器人调整"对话框不显示从属关节（复制另一个关节运动的关节）。单击此图标可显示从属关节且从属关节的滑块被禁用。此外，不能重置对话框中的"值""下限"和"上限"。
	将所选限制重置为 硬限制	将选定的软限制重置为关节的硬限制
	将所有限制重置为 硬限制	将所有软限制重置为其关节的硬限制
	示教位置	将以下内容应用于所选位置： ● 机器人当前配置（机器人被分配给该操作下的嵌套位置） ● 当前位置（通过将位置存储为示教位置的参数以便将其用于模拟）

图 标	名 称	描 述
	清除示教位置	从所选位置删除配置和示教位置
	机器人调整设置	提供列管理和联合选项（用于外部关节和所有关节区域） ● 在"关节列管理"区域中，选中要显示的列并清除要隐藏的列 注意：该联合列是强制性的，总是在左边第一列。它未在"选项"对话框中列出。 ● 选择一列，然后单击或设置所需的顺序 ● 配置移动关节步长（对于伸缩关节）和回转关节步长（对于旋转关节），以在单击"值"列中的箭头时配置步长 ● 调整"滑块灵敏度"可以在"机器人调整"对话框的数值列中配置滑块的灵敏度 ● 如果要将参考位置的附件复制到新位置，则设置复制附件 ● 当不使用"跟随模式"时，可以设置显示重影以显示一个焊枪，显示焊枪在跟踪位置时的行为方式。如果机器人无法到达该位置，则会创建一个重影枪并放置在该位置。当所选位置进入机器人范围内时，重影枪消失，机器人跳到选定位置 ● 如果要在"跟随模式"处于活动状态时移动过程操作位置，则单击"操作焊缝和接缝位置（默认情况下未选中）"。可以激活"忽略连续/焊接选项的限制"以阻止在"选项"对话框的"连续"和"焊接"选项卡中设置的限制
	启用主从模式（仅在"机器人点动：双臂机器人"对话框中可用）	切换主/从模式按钮可打开或关闭模式。启用后，所有从机器人操控器均被禁用。当拖动主机器人关节时（利用"操控"区域中的按钮，或"所有关节"区域里的滑块进行拖动），每个从属机器人都将跟随主机器人的 TCPF；还可以在跟踪期间锁定任何机器人的配置或 TCPF

3）可以在"位置"区域使用的控件见表6-2。

表6-2 "位置"区域空间描述表

图标	名称	描述
 （位置控件图示） 	当前位置	显示选定的位置，单击此控件以使其处于活动状态后，可以从操作树或路径编辑器中选择不同的位置
⃠	跳转到第一个位置	将当前位置更改为操作中的第一个位置
◁	跳转到上一个位置	将当前位置更改为操作中的上一个位置
▷	跳转到下一个位置	将当前位置更改为操作中的下一个位置
⃟	跳转到最后位置	将当前位置更改为操作中的最后位置
（图标）	在前面添加位置	在选定位置的前面再添加一个位置，并将机器人移动到新位置
（图标）	在后面添加位置	在选定位置的后面再添加一个位置，并将机器人移动到新位置

4）单击"操控"扩展按钮，如图6-14所示。

图6-14 "机器人调整"对话框"操控"区域

可以执行以下任何操作。

① 如5.4.1节中"放置操控器"中所述，使用操控器或对话框的"操控"区域中的控件移动和操作机器人。

② 默认情况下，参考坐标系是机器人的TCPF坐标。若所选坐标不符合要求，则可以将参考坐标系更改为相对于其他坐标系，具体更改坐标系有两种方法：一是从"参考坐标系"下拉列表中选择一个坐标；二是单击"参考坐标系"文本框右侧的 图标并创建一个新

的参考坐标系，此方法可以创建以下任何类型的坐标系。

● TCPF 坐标系。

● 工作坐标系。

● 基准坐标系。

5）可以通过单击"锁定配置 🔒"按钮，并从"配置"下拉列表中选择一个配置来将机器人锁定在单个配置中。在下拉列表中，机器人的当前位置决定"配置"下拉列表中显示哪些配置，并且当机器人未锁定在单个配置中时，当前机器人配置会持续显示和更新。

6）在"所有关节"区域内，可以在不访问"关节调整"的情况下调整机器人的关节值，如图 6-15 所示。

在需要调整机器人的关节时，可以在"所有关节"下拉列表中输入对应的关节值，也可以在"机器人调整"对话框中将关节的软限制设置为高于硬限制的值，当超过软极限值的单元格时，会在图 6-16 框选处显示出来。

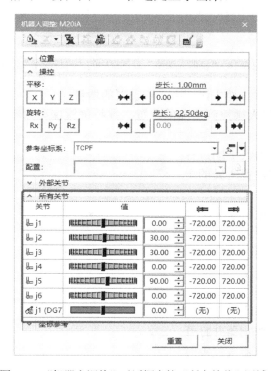

图 6-15 "机器人调整"对话框中的"所有关节"区域

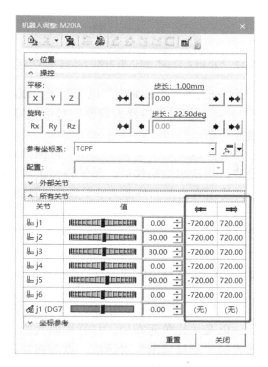

图 6-16 关节调整

使用机器人手动调整关节值可以让应用配置锁定约束，这些约束在使用关节点动时无法应用。

7）可以使用"外部关节"区域来调整机器人的外部关节的值，而不必访问"关节调整"，如图 6-17 所示。

8）可以使用"坐标参考"区域来测量所选位置相对于不同坐标的位置，如图 6-18 所示。

① 从位置相对列表中选择一个坐标（默认情况下为工作坐标系）。

"坐标参考"区域更新原始坐标系（顶部行）和参考坐标系（底部行）的值。

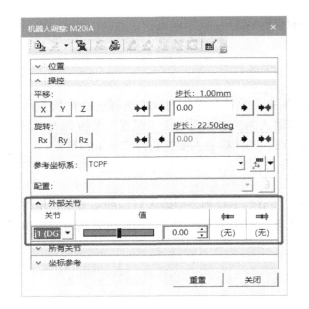
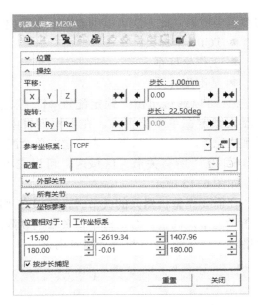

图 6-17 "机器人调整"对话框中的"外部关节"区域　　图 6-18 "机器人调整"对话框中的"坐标参考"区域

② 勾选"按步长捕捉"以强制增大或减小"操控"区域中步长设置的增量。

9）可以使用"机器人调整"对话框将机器人操控到所需的位置，并将位置保存为新的机器人姿态。

10）可以单击"重置"按钮，以撤销对机器人手动进行的更改。再次启动操作后，系统将回滚对当前位置所做的更改，并将所有内部和外部关节重置为初始值。

11）单击"关闭"按钮，关闭对话框并结束机器人手动调整会话。

6.8　可达范围测试

"可达范围测试"是指测试机器人是否能到达所选择的地点，以及优化单元布局。打开机器人的位置控制器并打开机器人的"测量范围"对话框，以观察在移动机器人位置时如何更新"达到"指示。

测试可达性操作步骤如下。

1）选择图形查看器或对象树中的机器人，然后选择"机器人"→"可达范围测试 "命令，弹出"可达范围测试"对话框，如图 6-19 所示。

图 6-19 "可达范围测试"对话框

2）单击"位置"文本框，然后在图形查看器中选择要测试的位置（当在图形查看器中选择位置时，光标变为十）。所选位置显示在"位置"文本框中，符号显示在"R"文本框中，指示机器人是否可以到达位置，符号见表 6-3。

表 6-3　机器人到达位置描述表

符　号	描　　述
✓	机器人可以到达该位置。图形查看器中的位置为蓝色
✓	机器人具有部分可到达的位置。机器人到达该位置，但必须旋转其 TCPF 以匹配目标位置的 TCPF
✓	机器人在其工作极限之外（但在其物理极限内）具有可达性
✓	机器人部分可达性超出其工作极限（但在其物理限制内）。机器人到达该位置，但必须旋转其 TCPF 以匹配目标位置的 TCPF
✔	机器人完全可达到超出其物理限制的位置
✔	机器人部分可达到超出其物理限制的位置。机器人到达该位置，但必须旋转 TCPF 以匹配目标位置的 TCPF
✕	机器人根本无法到达该位置。图形查看器中的位置以红色显示
[空白]	空白单元格表示机器人可达性与以下原因之一无关： 该位置不投影到任何部分；操作没有分配给它的机器人

注：可达范围测试会找到最佳的可达性解决方案。

或者，可以在图形查看器或操作树中选择位置，然后选择"机器人"→"可达范围测试 📐"命令，弹出"可达范围测试"对话框，此时"位置"文本框中已经显示所选定位置。当双击某个位置时，如果可以到达，则机器人会跳转到该位置。

3）单击"关闭"按钮，关闭"可达范围测试"对话框。

6.9　跳至位置

"跳至位置"命令可以使机器人跳转到一个指定位置，看看机器人是否能达到所选位置。将机器人跳转到某个位置的操作如下。

选择一个位置并选择跳转至指定位置的机器人，然后选择"机器人"→"跳至位置"命令，机器人跳转至指定的位置，如图 6-20 所示。

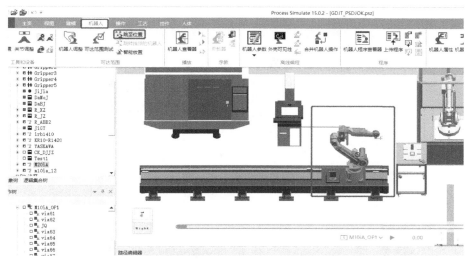

图 6-20　机器人跳至位置

6.10　智能放置

"智能放置"命令能够找到机器人和固定装置的最佳位置。它具有以下两种使用模式。

1）机器人布局：能够确定机器人可以完全、部分或碰撞到达选定组位置的点的范围。选择机器人和位置后，定义一个搜索区域（2D 或 3D），指定希望系统检查的点数。Process Simulate 检查网格中的每个目标点（建议的机器人位置），并计算机器人是否可以从建议的机器人位置到达所有定义的位置。

在此模式下，还可以使用机器人智能放置创建碰撞集。

2）夹具放置：能够确定选定的一组机器人在执行关联操作时可以完全、部分或碰撞到达选定夹具（零件和资源）的点的范围，这可以使机器人在保证的可达性的同时优化夹具定位。当选择机器人及其相关操作和固定装置后，定义一个搜索区域（2D 或 3D），指定希望系统检查的点数。Process Simulate 检查网格中的每个目标点（建议的夹具位置），并计算机器人在执行操作时是否可达到建议的夹具位置。在执行操作时，应该注意以下几点。

① 如果在嵌套在设备下的机器人或固定装置上运行该命令，智能位置可达性和碰撞计算会考虑整个设备。通常，机器人的自身坐标系会被用作参考坐标系。

② 如果机器人/夹具打开建模（设置建模范围），智能位置可达性和碰撞计算仅基于机器人/夹具。

③ 当选择了多个夹具时，系统与包含所有定义的夹具的边界框的几何中心点相关。对于机器人和夹具放置，系统会显示结果的颜色编码图形表示。然后，可以找到最佳位置的机器人或固定装置，确保所有机器人完全可以连接到所有固定装置和位置。

执行机器人智能位置命令的步骤如下。

1）选择"机器人"→"智能位置 🐾"命令，弹出"智能位置"对话框，并在图形查看器中标记默认搜索区域。

为了简单起见，"智能位置"对话框打开为空，网格的默认尺寸显示在搜索区域中，如图 6-21 所示。

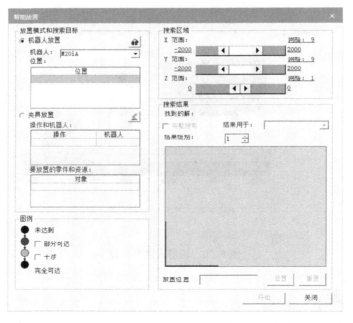

图 6-21 "智能位置"对话框

2）执行以下操作之一。

① 选择机器人放置。单击"机器人"下拉列表，在图形查看器或对象树中选择所需的机器人，然后单击位置列表并从图形查看器或对象树中选择所需的位置。

② 选择夹具放置。单击"操作和机器人"列表，然后从图形查看器、操作树或序列编辑器中选择所需的操作。每个操作都与其分配的机器人一起列出。如果希望使用不同的机器人来检查操作，则执行以下操作。

● 选择"操作和机器人"列表中的相关行。

● 单击"🛠"按钮，弹出"更换机器人以检查操作"对话框，如图 6-22 所示。

图 6-22 "更换机器人以检查操作"对话框

● 从"机器人"下拉列表中选择所需的机器人，然后单击"确定"按钮。最后单击"夹具放置"单选框，并从图像编辑器或对象树中选择所需的零件。

3）在机器人放置模式中，单击"自动创建碰撞设置 🔧"图标以从当前机器人放置数据创建干涉集。干涉集出现在干涉查看器中，并根据在"选项"对话框的"干涉设置"选项卡中设置的高级选项进行配置，如图 6-23 所示。

图 6-23 干涉查看器

如果在高级选项中启用了干涉查看器激活集，则自动创建碰撞设置功能被禁用。碰撞集基于整个运动链和附加组件（对于设备中的机器人，所有设备子组件都会添加，并附加或安装所有组件）。

4）从"搜索区域"部分中，定义要检查可访问性的网格或区域。可以通过以下方式之一来定义区域的大小和区域中的点（网格）的数量，一是拖动滑动条；二是单击其中一个超链接以显示"网格区域定义"对话框，如图 6-24 所示。

然后指定 X、Y 和 Z 轴的范围，即网格覆盖的轴的长度以及要检查的轴上的点数。例如，X 轴的范围从-100 到+100 有 10 个点，Y 轴的范围从-100 到+100 有 5 个点，而 Z 轴的范围从 0 到 10 有 2 个点。系统将检查的点总数为 $X\times Y\times Z$ 点，在本例中为 100 点。Process Simulate 检查每个点以查看选定的机器人是否可以从每个点到达选定的目标。

图 6-24 "网格区域定义"对话框

如果在"网格区域定义"对话框中指定了不正确的值，则会禁用"确定"按钮并显示错误消息。搜索区域尺寸是相对于所选机器人的位置。

5）在智能放置右下角的"图例"区域中，可以通过勾选"部分可达"和/或"干涉"复选框来让系统显示哪些位置是"部分可达"的，哪些位置可能发生碰撞。

6）单击"开始"按钮，Process Simulate 检查指定网格中的每个点并创建结果的映射，地图显示机器人可达性的图形表示，如图 6-25 所示。

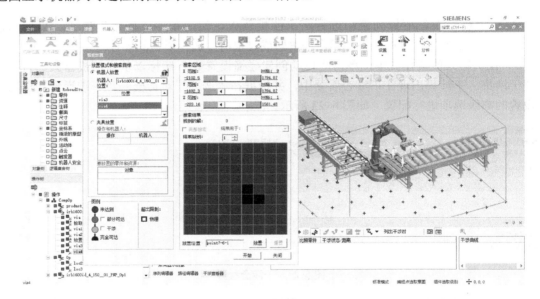

图 6-25 创建结果的映射

"智能位置"对话框和图形查看器中的图形图像的点的颜色见表 6-4。

表 6-4 图形图像颜色表

颜色	含义	描述
红色	还没到达	所选机器人无法到达此选定的位置或固定装置
绿色	部分达成	选定的机器人可以部分地从位置到达选定的位置或固定装置
橙色	碰撞	选定的机器人可以从这一点到达选定的位置或固定装置但会发生碰撞
蓝色	完全达成	所选择的机器人可以从该位置到达选定的位置或固定装置

对于完全到达和部分到达点，系统还会将机器人关节限制状态显示为围绕该点的方框，见表6-5。

表6-5　物理关节范围颜色

颜色	描　　述
紫色	机器人超出了其物理关节限制
粉色	机器人超出其工作关节限制，但仍处于其物理关节限制范围内
无颜色	机器人保持在其工作接头范围内

7）完全搜索仅在执行夹具放置时启用。如果选择了两个或多个操作（及其指定的机器人），并且 Process Simulate 检测到指定给第一个操作的机器人无法到达夹具，则它会立即将当前网格点标记为无法检查其他机器人。如果希望 Process Simulate 检查所有机器人的每个网格点，则勾选"完整搜索"。在这种情况下，"结果用于"功能已启用，可以显示任何单个机器人的结果或所有机器人结果的综合情况。

8）从"级别结果"中选择要显示的级别，如图6-26示例所示，该级别对应于 Z 网格值。

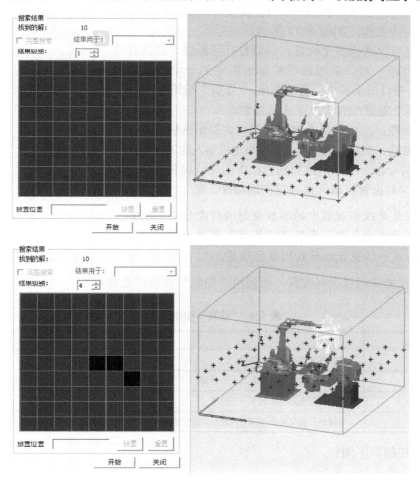

图6-26　显示的级别

在搜索过程中，"开始"按钮会变成"停止"按钮，要在完成之前停止搜索，则单击"停止"按钮。

9）当完成搜索并得出结果后，在结果图中单击一个点。单击的点的 *X*、*Y*、*Z* 坐标显示在"搜索结果"区域下方的"放置位置"文本框处。单击"放置"按钮将机器人/夹具移动到选定的位置。所选位置在搜索结果中用 *X* 标记。

也可以双击结果图中的点，或单击图形查看器以放置机器人/夹具。

如果机器人/夹具嵌套在设备下，则整个设备移动。

10）当"智能放置"对话框打开时，若单击"重置"按钮则将机器人返回到其原始位置。

11）单击"关闭"按钮，关闭"智能位置"对话框。

6.11 示教器

1）在图形查看器或操作树中选择一个机器人位置，然后选择"机器人"→"示教器▦"命令，弹出"示教器"对话框，显示与所选操作相关联的机器人的 TP 对话框，标题栏中显示当前所选操作的名称，如图 6-27 所示。

此外，也可以选择多个位置，然后打开示教器。在这种情况下，"示教器"对话框的标题栏显示组中第一个位置的名称，后跟省略号以指示多个位置的选择，"导航"按钮被禁用。

"示教器"对话框包含以下 3 组参数。

● 运动参数：指定机器人如何移动以达到所选位置。

● 工艺参数：在选定的操作过程中指定机器人的工作指令。

● 离线编程命令：指定添加到模拟中的离线编程（OLP）命令，并设置机器人执行它们的顺序。

注意：若是更改示教器中的参数会影响特定位置，例如，将所选位置的"运动类型"参数从"关节"更改为"线性"，可使机器人从前一位置直线移动到当前位置。

图 6-27 定义机器人位置属性

2）要浏览操作树以选择位置，可使用"导航"按钮，见表 6-6。

表 6-6 "导航"按钮描述表

按　钮	描　　述
◄◄	跳转到所选操作的父路径
◄	将树移到选定操作中的上一个位置
►	将树移到选定操作的下一个位置
►►	跳转到直接父操作范围中的最后一个位置

3）可以使用以下图标。

▦：切换跳转到位置功能。

▦：打开所选控制器的第三方设置对话框。

：打开默认控制器的帮助文档。

4）在"运动参数"区域中，指定机器人应如何移动以达到所选位置，见表6-7。

表6-7　机器人运动参数表

参　数	描　述
运动类型	确定机器人 TCPF 从其当前位置到确定位置的确切路径。以下值可用：PTP—以最有效的方式移动关节并忽略机器人 TCPF 的路径。所有的机器人关节一起开始每个动作并一起完成。运动的持续时间不能短于关节所允许的时间，当以最大允许速度运行时，需要最长时间才能完成运动。其他关节以低于其最大速度的速度进行相应的操作。如果为 TCPF 或最终坐标系指定的速度小于允许的最大速度，则每个关节的速度会按比例降低。Lin—使 TCPF 的原点在位置之间沿直线移动。Circ—沿着弧线移动机器人的 TCPF，此动作主要用于电弧焊接或密封过程
速度	指定笛卡儿速度（如果运动类型设置为 Lin 或 Circ）或最大速度的百分比（如果运动类型设置为 PTP）
区	确定机器人的 TCPF 在执行运动命令时到达中间位置的精确度。中间位置（通过位置）是机器人不停止通过的位置，除了路径中最后一个位置以外的所有位置，以及机器人到达时指定了延迟或等待命令的所有位置。机器人.cojt 组件目录下的机器人 parameters.e 文件中定义了不同区域的数值 在"区"中可选择以下值 ● fine：模拟执行与确切的机器人到达和完全停止 ● medium：机器人的到达精度为中等 ● coarse：机器人的到达精度为粗糙 ● nodecel：最佳性能，可使仿真以流畅的运动进行
工作工具	指定用于特定操作的工具。只有当机器人在当前位置分配给此操作时，才会启用该文本框
工具坐标系	指定特定操作的 TCPF。无论是否安装了工具，都应该指定机器人的 TCPF。但是，对于使用多个工具的操作，必须为每个位置指定工具坐标系定义。有关指定机器人 TCPF 的更多信息，请参阅 6.4 节"安装工具"。要指定工具坐标系，可在图形查看器或对象树中选择所需的坐标系，或在"工具坐标系"文本框中手动输入坐标系的名称。如果定义了工具坐标系，则重置所选的工作工具或远程 TCP 坐标系
远程 TCP 坐标系	指定要在安装的工件配置中使用的远程 TCP。如果定义了远程 TCP 坐标系，则重置所选的任何工作工具或远程工具坐标系
对象坐标系	指定与运动相关的坐标系。默认情况下，相对于机器人的参考坐标系发生运动。但是，有些流程和控制器需要指定附加的参考坐标系，以确定哪些运动是相对的。这些包括运动相对于移动坐标系以及控制器中指定的值是否与多个参考坐标系相关，在这种情况下必须指定运动坐标系。要指定对象坐标系，可在图形查看器或对象树中选择所需的坐标系，或在"对象坐标系"文本框中手动输入坐标系的名称

5）在"工艺参数"区域中，需要在操作过程中指定机器人的参数，见表6-8。

① 对于气动枪，其参数描述见表6-8。

表6-8　气动枪参数表

参　数	描　述
焊枪状态	指定操作过程中喷枪的状态。以下值可用： 打开—将枪移动到开放姿态 半开放—将枪移动到半开放姿态 关闭—将枪移至关闭状态 没有变化—没有运动。这是默认的姿态 注意：应该先在姿态编辑器中定义每个姿态
焊枪等待	指定机器人是否应该等到枪打开后才继续移动，还是在枪改变状态时继续移动。取值包括： 等待—机器人等待，直到枪已到达其指定状态 无等待—机器人继续移动，不会等待喷枪达到其指定状态。这是默认状态
焊接时间	指定机器人执行焊接的时间（以 s 为单位）。例如，在有电流的时候。注意：该参数仅适用于焊接位置操作
冷却时间	指定机器人在执行焊接后以及在继续下一个焊接点之前等待的时间（以 s 为单位）。例如，在枪关闭期间。注意：该参数仅适用于焊接位置操作

② 对于伺服枪，其参数如图 6-28 及表 6-9 所示。

表 6-9 伺服枪参数表

参　数	描　述
伺服值	伺服枪以毫米为单位打开
焊接时间	指定机器人执行焊接的时间（以 s 为单位）。例如，在有电流的时候。注意：该参数仅适用于焊接位置操作
冷却时间	指定机器人在执行焊接后以及在继续下一个焊接点之前等待的时间（以 s 为单位）。例如，在枪关闭期间。注意：该参数仅适用于焊接位置操作

③ 对于气动伺服枪（异步伺服枪），其参数如图 6-29 及表 6-10 所示。

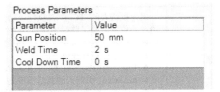

图 6-28　伺服枪参数　　　　　　　　　　图 6-29　气动伺服枪参数

表 6-10　气动伺服枪参数表

参　数	描　述
枪的位置	气动伺服枪的位置
焊接时间	指定机器人执行焊接的时间（以 s 为单位）。例如，在有电流的时候。注意：该参数仅适用于焊接位置操作
冷却时间	指定机器人在到达某个位置后并在继续到下一个位置之前等待的时间（以 s 为单位）。例如，在枪关闭期间。注意：该参数仅适用于焊接位置操作

6）可以将"离线编程命令"配置为在仿真期间运行，如下。

① 在"离线编程命令"区域中，单击"添加"按钮，出现文本菜单，如图 6-30 所示。

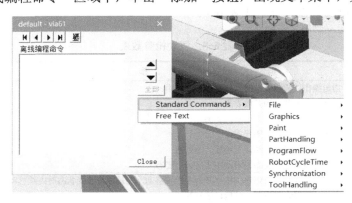

图 6-30　离线编程命令配置

② 执行以下操作之一。

如果希望通过键入语法添加离线编程命令，则单击"自由文本（Free Text）"命令，弹出"自由文本命令"对话框，如图 6-31 所示。

图 6-31 "自由文本命令"对话框

输入命令并单击"确定"按钮，默认控制器支持以下语法：

1）逻辑运算符：AND，OR，NOT
2）括号
3）十进制值
4）算术运算符：+，-，*，/
5）程序流操作符：

- # If \<condition\> Then   [ex # If (a + b) > c Then]
- # Else if \<condition\> Then   [Ex # Else if A OR B Then]
- Else
- End if
- # For \<var\> From \<start\> To \<end\> Step \<step\> Do [ex # For I From 1 To 10 Step 2 Do]
- # For \<var\> From \<start\> To \<end\> Do
- End for
- # While \<expression\> Do   [Ex # While a < 100 Do]
- # End while
- # Switch \<expression\>   [Ex # Switch (a+b)]
- # Case \<val1\>, \<val2\>   [Ex # Case 2 or # Case 2,3]
- Default
- End switch

单击"标准命令（Standard Commands）"，出现 OLP 命令菜单。这些命令以 8 组形式出现，如图 6-32 及表 6-11 所示。

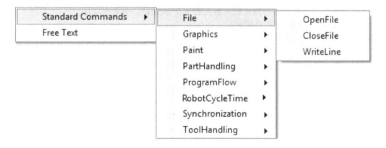

图 6-32 OLP 命令菜单

表 6-11　离线编程命令菜单描述表

命　　令	描　　述
打开文件	打开一个文件进行编辑。该模式的设置，可以附加或覆盖文件内容。另外，设置要在下一个写行和关闭文件命令中使用的句柄以及要打开的文件路径
关闭文件	关闭打开的文件
写行	在打开的文件中编写一行文本。设置使用 OpenFile 命令打开的文件句柄，并将文本写入"表达式"文本框中。使用双引号打印变量或信号的值，例如，键入"E1"以写入信号 E1 的值
隐藏	在图形查看器中隐藏选定的对象
显示	在图形查看器中显示选定的对象
TCP 跟踪器	激活和停用分配给当前操作的机器人的 TCP 跟踪器。命令语法是： #TCPTrack <状态> <可选颜色>。 默认的控制器也支持自动代码生成

命　　令	描　　述
打开喷枪	打开当前的喷枪 ᠍ OpenPaintGun
关闭喷枪	关闭当前的喷枪 ᠍ ClosePaintGun
更换喷枪	将当前喷枪更改为所选喷枪名称 **更改喷枪** ✕ 喷枪名称: [　　　　　▼] 　　　　确定　　取消
附加	将选定的组件连接到另一个组件或链接 **附加** ✕ 附加对象: [　　　　　] 到对象: [　　　　　] 　　确定　　取消
分离	分离选定的附件 **分离** ✕ 对象: [　　　　　] 　　确定　　取消
抓握	将夹具移动到指定的姿态并将零件附着到其上。该命令会自动添加到抓取和放置操作中的抓取位置，并优于用于零件处理的附加 OLP 命令 　选择一个抓手，然后从连接对象到坐标系，选择抓握对象所连接的夹具上的坐标系。可以检查驱动夹具的姿态并为夹具选择一个姿态 **抓握** ✕ 握爪: [Gripper ▼] 向坐标系附加对象: [　　▼] ☑ 驱动握爪至姿态: [SEMIOPEN ▼] 　　确定　　[取消]
释放	将夹具移动到指定的姿态并从中分离零件。该命令将自动添加到拾放操作中释放位置，并且优先级高于用于零件处理的释放 OLP 命令 　从坐标系中选择一个夹持器并从分离对象中选择一个夹持器上的坐标系，从中释放一个夹持对象。可以检查驱动夹具的姿态并为夹具选择一个姿态 **释放** ✕ 握爪: [Gripper ▼] 从坐标系拆离对象: [　　▼] ☑ 驱动握爪至姿态: [SEMIOPEN ▼] 　　确定　　[取消]

命　令	描　述
宏	调用选定的宏程序。宏程序完成执行后，仿真将恢复分支点 **宏**　× 宏：　▼ 确定　取消
调用路径	将仿真流程更改为另一个路径。在路径的末尾，仿真将恢复分支点 **调用路径**　× 操作：　▼ 确定　取消
调用程序	将仿真流程更改为另一个程序。在程序结束时，仿真将恢复分支点 **调用程序**　× 程序　▼ 确定　取消
循环开始	指定何时开始循环时间计算
循环结束	指定循环时间计算何时结束
打开定时器	创建自定义计时器，将其命名并定义何时开始跟踪相关的仿真过程 **打开定时器**　× 计时器名称： 描述： 优先级：　1 确定　取消 注意：以下是内部（内置于系统中）定时器：移动到定位时间、等待设备时间、焊接时间、等待时间和等待信号时间
关闭定时器	定义在特定周期内定时器何时停止 **关闭定时器**　× 计时器名称： 确定　取消
发送信号	定义将哪个信号发送给哪个机器人。可以指定信号名称、其值和目标机器人 **发送信号**　× 信号名称：　▼ 值：　0 目标：　▼ 确定　取消 注意： ● 支持布尔量信号和模拟量信号 ● 任何整数值都可以分配给一个信号。但是，应该谨慎地定义与所讨论命令相关的 PLC 信号类型。在线路仿真模式下，机器人向 PLC（PLC 输入）发送机器人信号。在基于事件的仿真中，目标始终保持空白

命　　令	描　　述
设置信号	为所选机器人输出信号的值组成表达式 设置信号　× 信号名称：　▼ 表达式： 确定　取消
等待信号	可以选择信号名称和值。当信号设置为所选值时，机器人将恢复仿真 等待信号　× 信号名称：　▼ 值：　0 确定　取消 注意：在线路仿真模式下，机器人等待来自 PLC 的机器人信号（PLC 输出）
等待时间	机器人在执行下一个命令之前等待的时间间隔（以 s 为单位）。例如，可能让机器人在焊枪打开前等待2s 等待时间　× 等待时间　0 确定　取消
连接外部轴	用于将外部轴连接到所选择的设备、关节以及索引位置上 连接外部轴　× 连接关节到外部轴 设备：　▼ 关节：　▼ 索引：　0 确认　取消
断开外部轴	断开当前连接到选定对象的外部轴 断开外部轴　× 对象： 确定　取消
驱动设备	将设备移动到目标姿态 驱动设备　× 将设备移至目标姿态 设备：　▼ 目标姿态：　▼ 确定　取消

命　令	描　述
喷枪移动	将喷枪移动到指定姿态的说明，如喷枪状态参数中所指定。对于伺服喷枪，这会将伺服喷枪移动到离开值指定的位置。如果未定义离开值，则根据枪的状态参数来移动伺服喷枪
安装工具	在当前机器人上安装工具 安装工具　× 选择工具和 TCP 坐标系 工具： 新 TCPF： 确定　取消
卸载工具	卸载当前安装在机器人上的工具 卸载工具　× 选择工具和 TCP 坐标系 工具： 新 TCPF： 确定　取消
等待设备	当设备到达目标姿态时，机器人恢复仿真 等待设备　× 等待设备达到目标姿态 设备： 目标姿态： 确定　取消
驱动设备关节	可以选择设备和所需的关节值。勾选"与机器人运动同步"，表示希望机器人在移动到路径上的下一个位置时设置其关节值 驱动设备关节　× 设备： 关节值 □ 与机器人运动同步 确定　取消

如果使用具有静态外观的零件配置离线编程命令（如附加、分离、空白、显示），则始终选择主要外观。如果选择任何其他外观，Process Simulate 会自动改变主外观的选定外观（如果没有外观设置为主外观，则会自动改变原始零件）。

7）在离线编程命令对话框中，可以执行以下操作。

① 编辑现有的 OLP 命令，双击该命令，在命令对话框中编辑相关值，然后单击"确定"按钮。选择一个命令并使用向上和向下箭头将其移动到所需的位置，机器人会按照安排的顺序执行命令，如图 6-33 所示。

② 右键单击离线编程命令并选择以下任一项：可以在位置

图 6-33　执行命令

或操作中复制和粘贴命令，并从一个位置或操作到另一个位置或操作，也可以在关闭并重新打开示教器后粘贴命令。

8）如果对所做的更改不满意，则使用"撤销"按钮。

9）单击"关闭"按钮，关闭默认控制器对话框。

6.12　上传程序

"上传程序"命令可以通过菜单栏"机器人"选项卡中的"程序"打开，如图 6-34所示。

图6-34　"上传程序"菜单栏

"上传程序"命令从机器人接收信息（一个特定的控制器语法）并将其保存为机器人的操作或程序。上传机器人程序的操作步骤如下。

1）从图形查看器中选择一个机器人，然后选择"机器人"→"上传程序 📑"命令，弹出"文件浏览器"对话框。

2）选择所需的文件，然后单击"确定"按钮。对于每个文件，Process Simulate 运行上传器，上传文件并创建机器人操作或程序。

6.13　下载到机器人

"下载到机器人"选项也出现在机器人"程序库存"对话框的工具栏中。它将机器人程序转换为可下载到机器人的文件。该命令根据分配给机器人程序的机器人控制器指定的语法来转换机器人程序。

机器人控制器在机器人属性的"控制器"选项卡中指定。如果指定的机器人控制器没有下载模块，则会显示错误消息说明下载命令未完成，如图 6-35 所示。

图6-35　错误消息

下载程序的操作步骤如下。

1）在机器人"程序库"对话框中选择程序。可以根据需要选择给定机器人的任意多个程序。如果选择不同机器人的程序，或者如果分配的机器人控制器不支持多次下载，则"下载到机器人"图标变为不活动状态，表示无法执行下载，如图 6-36 所示。

2）单击"机器人"选项卡"程序"中的"下载到机器人"图标，将出现指定机器人控制器的"选择文件"对话框。

图 6-36 下载程序

3）完成对话框中指示的步骤以转换并保存机器人程序，也可以在操作树、路径编辑器或序列编辑器中选择机器人程序，然后选择"机器人"→"下载到机器人"命令。

6.14 机器人属性

"机器人属性"命令可显示并修改所选机器人的 TCPF、位置以及限定外部轴的机器人。外部轴是指属于由机器人控制的外部装置的接头，可以根据需要显示为所选机器人定义的 TCPF 和参考坐标系的位置并对它们进行修改。

打开"机器人属性"对话框的操作步骤如下。

1）明确需要安装至机器人上的工具组件。

2）在图形查看器或对象树中选择一个机器人，然后选择"机器人"→"机器人属性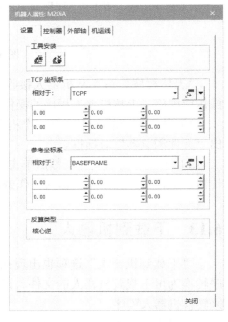"命令，弹出"机器人属性"对话框，如图 6-37 所示。"设置"选项卡中 TCPF 和参考坐标系都在图形查看器中的机器人上突出显示。

TCPF 的确切位置在"TCP 坐标系"区域的表格中指定，参考坐标系的确切位置在"参考坐标系"区域的表格中指定。

3）要调整 TCPF 的位置，可从"TCP 坐标系"区域的"相对于"下拉列表中选择一个坐标系。显示的测量结果与所选坐标系相关。

当"相对于"区域被激活时，可以通过在图形查看器中选择一个坐标系，或者单击"参考坐标系"按钮的下拉箭头新建坐标系来修改"相对于"区域中选中的坐标系。

图 6-37 "机器人属性"对话框

4）为所需坐标输入一个新值，或使用向上和向下箭头选择一个新值。TCPF 移动到图形查看器中的新位置。

5）要调整参考坐标系的位置，可从"参考坐标系"区域的"相对于"下拉列表中选择一个坐标系。显示的测量结果与所选坐标系相关。

6）为所需坐标输入一个新值，或使用向上和向下箭头选择一个新值。参考坐标系移动到图形查看器中的新位置。

可以使用"安装工具 "和"卸载工具 "按钮将工具安装到所选机器人或从中卸载工具。有关更多详细信息，请参阅 6.4 节"安装工具"和 6.5 节"卸载工具"。

机器人的反算类型显示在"机器人属性"对话框的底部，反算类型如下。

- 无逆：机器人没有逆算法。
- 用户逆：机器人使用用户逆模块；该模块的名称也会显示出来。这只是机器人设置的指示，但不能证明用户逆模块在用户机器上可用。
- 近似逆：机器人使用可以处理超过 6 自由度的机器人迭代近似算法（这也可以称为特殊逆解法）。
- 核心逆：所有反演算法都是通过 Process Simulate 实现的（除了近似逆算法）。

7）单击"关闭"按钮，保存更改并关闭"机器人属性"对话框。

6.14.1 选择一个机器人控制器

选择一个机器人控制器的操作步骤如下。

1）在"机器人属性"对话框中，选择"控制器"选项卡，如图 6-38 所示。

2）从控制器中选择所需的机器人控制器，该控制器显示当前安装在系统中的所有控制器，包括 RRS1 控制器（如果有）。"机器人供应商"文本框中显示所选控制器的供应商名称。

默认控制器安装有一组基本参数和命令，可以根据需要修改它们。有关修改这些参数的更多信息，请参阅 6.11 节"示教器"。

3）在"RCS 版本"中，选择所需的 RCS 版本。

4）在"操控器类型"中，选择适当的操控器类型。

5）在"控制器版本"中，选择机器人控制器所需的版本。

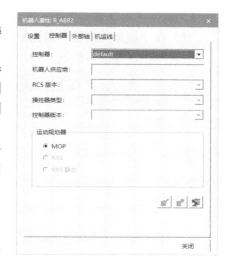

图 6-38 "控制器"选项卡

6）在仿真命令的 RCS 中，选中连接以连接机器人与其 RCS 模块进行精确仿真，或者清除它以在不使用 RCS 模块的情况下运行仿真（并改为使用默认的运动计划引擎）。

7）在非仿真命令的 RCS 中，选中连接以在运行非模拟命令时连接机器人与其 RCS 模块，或清除连接以在不使用 RCS 模块的情况下运行非仿真命令。可以将鼠标悬停在上方 ⓘ 查看列出相关命令的工具提示，包括在机器人控制器中定义机器人位置属性、下载到机器人、上传程序和使用路径编辑器。

通常，运行非仿真命令时不需要特殊的 RCS 许可证。但是，从 RCS 模块断开连接时运行非仿真命令可能会施加一些限制；这些在每个控制器的用户手册的"RCS 解耦模式中的限制"一节中列出。但是，自动示教行为不受活动的 RCS 连接的影响，因为无论 RCS 或 MOP 是否处于活动状态，都会在到达位置时示教位置。示教信息（转弯和配置）仅以 Tecnomatix 格式存储，并转换为机器人格式（如果 RCS 已连接进行非模拟操作，则通过专用 RCS 服务，或者如果 RCS 未连接，则通过手动来操作）。

连接到 RCS 模块以运行仿真时，通常需要许可证。从 RCS 断开连接时，系统使用内部 Tecnomatix 默认控制器运行仿真。

从模拟和非模拟切换到断开模式都会自动终止以前运行的任何连接到这些机器人的 RCS

模块（关闭"机器人属性"对话框后）。

8）单击以下任一图标。

⊞：验证 RCS 参数并显示是否可以初始化 RCS 模块的消息。

⊞：终止 RCS 模块。该图标仅在 RCS 模块初始化后才有效。

⊞：打开所选控制器的第三方设置对话框。

9）单击"关闭"按钮。

6.14.2 定义一个新的外部轴

如果已将伺服喷枪定义为机器人的工具或将伺服喷枪安装在机器人上，则伺服喷枪接头会预加载到"外部轴"选项卡中。

1）在"机器人属性"对话框中，选择"外部轴"选项卡，如图 6-39 所示。

2）单击"添加"按钮，弹出"添加外部轴"对话框，如图 6-40 所示。

图 6-39 "外部轴"选项卡

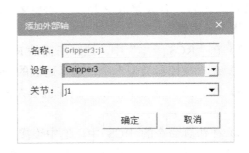

图 6-40 "添加外部轴"对话框

3）从"设备"下拉列表中，选择机器人以外的单元格中的对象。

4）从"关节"下拉列表中选择应该定义为机器人外部轴的对象的关节。

5）单击"确定"按钮，外部轴显示在"外部轴"选项卡中。

6.14.3 去除外部轴

从"外部轴"选项卡中显示的列表中选择一个外部轴，然后单击"移除"按钮，即可去除外部轴。

6.15 控制器设置

一些制造商生产可由 Process Simulate 使用的定制机器人专用 RCS 模块。RCS 模块替换 Process Simulate 中的默认模块并提供以下功能。

1）机器人行为的真实几何重现。

2）准确的机器人行为时机。

以下功能是为每个机器人定制的，并取决于 RCS 模块。

1）定制机器人控制器，包括 OLP 命令功能。

2）定制的示教器和机器人下载功能。

ESRC：仿真特定机器人控制器。在没有 RCS 模块的情况下，提供执行机器人特定语法的能力，包括信号同步和宏执行。运行机器人定制的非 RCS 操作（不启动 RCS 模块）不需要 RCS 许可证（因为这些操作由西门子开发，而不是由机器人制造商开发）。为此，需要将这些操作从 RCS 模块断开。从 RCS 模块断开机器人操作步骤如下。

1）选择"机器人"→"控制器设置 ▒"命令，弹出"控制器设置"对话框，如图 6-41 所示。

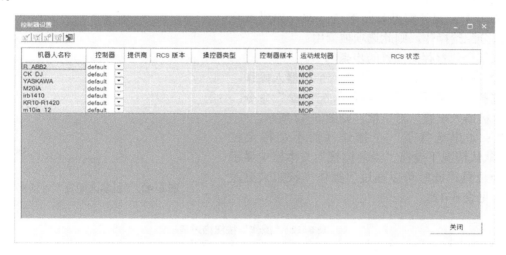

图 6-41 "控制器设置"对话框

"控制器设置"工具栏包含以下图标。

▣：初始化所选机器人的 RCS。根据当前表中选择的机器人的参数验证 RCS 参数并初始化 RCS 模块，在系统上指示 RCS 模块是否已初始化。

▣：初始化所有机器人的 RCS。其功能是验证所有 RCS 参数，根据参数初始化表中所有机器人的 RCS 模块，在系统上显示哪些 RCS 模块已初始化。

▣：终止所选机器人的 RCS。该图标仅在 RCS 模块初始化后才有效。

▣：打开所选机器人的设置对话框。

2）对于每个机器人，可以设置以下内容。

● 控制器：从下拉列表中选择所需的机器人控制器，该列表显示系统中当前安装的所有控制器，包括 RRS1 控制器（如果有）。

● 供应商：显示所选控制器的供应商名称。

● RCS 版本：选择所需的 RCS 版本。

● 操控器类型：选择合适的操控器类型。

● 控制器版本：选择机器人控制器所需的版本。

3）单击"关闭"按钮以保存机器人设置。这些文件存储在 XML 配置文件中，并用于后面的会话。

灰色文本框表示此功能不适用于此控制器。列表中显示的控制器取决于从 GTAC 支持网站下载并安装了哪些机器人控制器。

6.16 机器人配置

"机器人配置"选项可查看和教导反向解决方案（即查看所选位置的逆解），以便在机器人操作中到达选定的位置。当机器人分配给操作时，系统会为每个位置计算并显示解决方案；如果没有机器人分配给操作，则此选项被禁用。

在某个位置存储配置的步骤如下。

1）在机器人操作树中选择一个机器人操作，然后选择"机器人"→"机器人配置 "命令，弹出"机器人配置"对话框，如图 6-42 所示。

2）如果选择了一个操作（而不是特定位置），默认情况下会在"当前位置"文本框中显示第一个位置，此时可以通过"操作"按钮来更改位置，见表 6-12。

图 6-42 "机器人配置"对话框

表 6-12 "操作"按钮描述表

按　　钮	描　　述
⏮	选择所选机器人操作中的第一个位置
◀	选择所选机器人操作中的上一个位置
▶	选择所选机器人操作中的下一个位置
⏭	选择所选机器人操作中的最后一个位置

3）在"机器人的解"列表中，选择机器人在模拟过程中使用的解决方案。默认情况下，机器人使用显示的第一个解决方案。要使用不同的解决方案，可从列表中选择它，然后单击"示教"按钮。所选解决方案以粗体显示，并显示在图形查看器中。若要恢复为默认解决方案，则单击"清除"按钮。

4）要让操作中的所有后续位置使用与所选位置相同的反向解决方案，可单击"示教"按钮。

要返回到其他位置的默认解决方案，可在位置系列区域中单击"清除"按钮。

5）如果需要，可在选定的解决方案中修改关节的"转动"列。在"关节转动"区域中选择一个关节，单击" [+] "按钮增加转数，单击" [-] "按钮减少转数。更改"转动"列时，"值"列将相应更改。该值必须在"低"和"高"列中显示的限制范围内。

如果关节名称与关节索引不同，则将关节名称添加到括号中。

6）单击"关闭"按钮。

6.17　设置外部轴创建模式

可以选择"机器人"→"外部轴创建模式 🐾"命令切换外部轴创建模式。如果在创建新的操作位置时打开外部轴创建模式，则将从关节的现有外部轴的值复制；如果外部轴创建模式关闭，则它们保持为空。

使用外部轴值命令，可以配置并存储用于机器人关节（导轨、伺服枪等）外部轴的接近值。对于伺服枪，也可以配置出发值。外部轴首先在机器人属性中的选定位置定义，当机器人到达此位置时，外部轴定位在所存储的值。设置外部轴值的具体操作如下。

1）在操作树或图形查看器中选择一个或多个机器人位置或操作。

2）选择"机器人"→"设置外部轴值 🐾"命令，弹出"设置外部轴值"对话框，如图 6-43 所示。

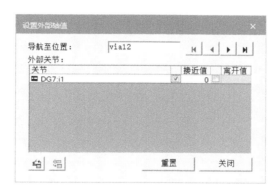

图 6-43　"设置外部轴值"对话框

在此过程开始时选择操作或位置会影响"外部关节"文本框的外观，如下：如果选择了某个操作，则操作中的第一个位置将显示在"导航到位置"文本框中；如果选择了一个位置，则该位置将显示在"导航到位置"文本框中；如果选择了多个位置，则"导航到位置"文本框将被禁用，但在此过程中所做的更改将应用于所有选定的位置。

3）使用以下方法之一选择要配置其接近值（以及伺服枪的离开值）的关节。

① 从"关节"列表中选择一个关节。

② 使用" 🔲◀▶🔲 "按钮浏览位置。如果预先选择了多个位置，浏览按钮将被禁用。

③ 从任何查看器中选择位置。

4）要设置接近值或离开值，可勾选相关复选框。Process Simulate 从"关节调整"对话框中检索相关值，将其显示在相关的值列表中，并且可以编辑这个值。但是需要注意以下几点。

① 只有伺服枪具有离开值。其他外部轴，例如导轨，没有离开值。

② 机器人的外部轴值存储在当前位置。当机器人到达此位置时，外部轴根据这些值进行定位。

③ 在路径编辑器中，"外部轴值"和"离开外部轴值"栏指示在选定位置定义了多少

个外部轴，以及指定了此命令设置了多少个轴值。指向列中的单元格，显示带有设置值的工具提示。

5）可以通过单击"🔛"按钮进入跟随模式，并在"设置外部轴值"和"关节调整"对话框之间进行同步。当跟随模式激活时，当前值会立即在"关节调整"对话框中更新。

6）可以选择一个关节或多个关节，然后单击"🔛"按钮以从"关节点动"对话框中检索当前关节接近值和离开值。或者，右键单击选定的关节并选择获取当前关节值或单击关节列标题以选择所有关节。当至少选择一个具有接近或偏离值的关节时，将启用此命令。

7）如果需要，可单击"重置"以放弃在"外部连接"对话框的当前位置中所做的更改并恢复"接近值"和"离开值"。

第7章 焊接操作功能模块

【本章目标】

本章主要介绍 Process Simulate 软件中焊接操作的建立步骤，以及焊接路径的优化、工艺的生成和焊接路径程序的上传，帮助读者对制造特征工艺有一个全面的了解。

7.1 连续工艺生成器（创建焊接操作）

"连续工艺生成器"工具可以基于选择的面创建嵌套焊接操作组成的连续操作（例如执行两个部分电弧焊）。该工具还可以实现以下 3 种功能，一是能够实现投影操作，与使用各种项目命令的方式类似；二是为跳焊（或针焊）操作提供支持；三是能够以固定的时间间隔来创建覆盖模式操作，常用于涂层应用程序。

要实现焊接操作时，在选择操作面和所需参数后，连续工艺生成器命令将自动执行以下所有操作。

1）预览创建连续制造特征 MFGS 的一条或多个路径并用于投影计算。

2）为每个接缝创建新的连续制造特征。

3）设置制造特征类型。

4）将制造特征分配给第一个面的部分位置。

5）创建新的连续特征操作，或者允许将接缝操作和分配的 MFGS 附加到现有的连续特征操作。

6）将 MFGS 分配给新的或现有的连续特征操作。

7）为每个连续的制造特征创建新的焊缝操作，并将它们嵌在新的或现有的具有正确外观定义的连续操作下。

8）如果加载的数据中有一个机器人，则该命令会将该机器人及其安装的工具分配给该操作。

连续工艺生成器还可以进行微调选择，例如编辑选择（添加/删除面）、改变面扩展、合并的曲线到单个接缝、定义或改变的开始/结束、跳过焊缝和方向等。

7.1.1 弧焊模式

1）启动连续工艺生成器。在菜单栏中选择"主页"→"操作"→"连续工艺生成器 ❖"命令；或者选择"操作"→"创建操作"→"新建操作"→"连续工艺生成器 ❖"命令，弹出连续工艺生成器对话框。

注意：在启动连续工艺生成器时，可以在启动连续流程生成器之前预先选择一个复合操作来设置新连续操作的范围，也可以在打开对话框后更改范围。在第二种情况下，新的连续操作嵌套在所选的复合操作下，并且有些操作会变成只读模式。

2）从"工艺"下拉列表中，选择弧焊模式，如图 7-1 所示。

图 7-1 "连续工艺生成器"对话框

3）创建焊接接缝。

① 在"面集"扩展栏中，单击"底面集"文本框，在待焊接的零件中选择一个或者多个面，也可以单击"相切面 ▷"图标来选择与最后选定的面相切的所有面，直到 90°处停止（选中的面显示为褐色，图 7-2 中深色部分）。

② 单击"侧面集"文本框，选择一个或者多个面，这些面也会以褐色显示。

③ 其中底面集和侧面集之间的接缝为系统需要创建的焊缝，焊缝以蓝色显示。

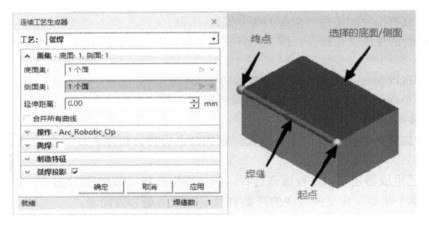

图 7-2 显示要创建的接缝

④ 绿色斑点表示缝的开始（起点），橙色表示结束（终点）。如果不希望使用面之间的整个接缝进行新接缝操作，则将起点或终点拖动到所需的位置，如图 7-3 所示。

当拖动起点或终点时，"开始"尺寸框出现在图形查看器中，指示绿点与接缝开始处的距离，并且"结束尺寸"框指示终点与接缝末端之间的距离，当单击图形查看器其他位置时，尺寸框会自动关闭。所以，通过为一个点（如起点）定义一个正值，为另一个点（如终点）定义一个相同的负值，可以改变封闭轮廓缝的起点和终点。

另外，当需要修改焊接方向时，可以通过双击焊缝中的箭头来实现反向功能。

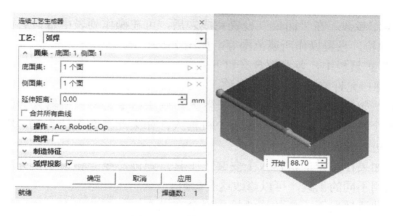

图 7-3 开始/结束位置点

⑤ 可以单击"移除所有面×"以取消选择所有面。

⑥ 如果所选择的面之间存在间隙，导致不能够实现连续操作，可以设置延伸距离，使延伸距离大于选择面之间的间隙，从而创建操作。

⑦ 当创建一个弧焊工艺时，若选择了多个面集，则可能会产生多个接缝，此时可以勾选"面集"中的"合并所有曲线"功能来创建一个接缝操作，使所有连续的曲线合并成一条曲线，但不连续的曲线保持独立，如图 7-4a、b 所示。

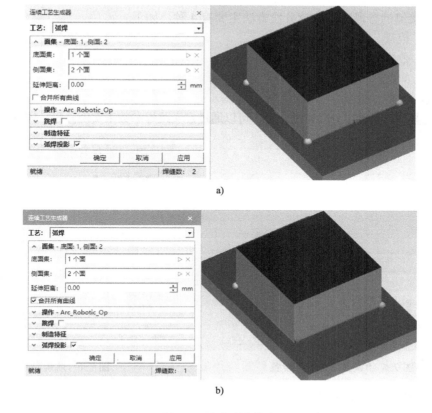

a)

b)

图 7-4 合并所有曲线

4）定义操作参数。在"面集"设置完成之后，可在操作列表中重命名操作名称，定义焊接机器人、焊枪，设置操作所属范围等，如图7-5所示。

在"操作"扩展栏中，各参数含义如下。

● 操作名称：允许修改默认操作名称。

● 机器人：如果加载数据中有单个机器人，则该命令会将该机器人分配给该操作；如果有多个机器人，则可以分配一个机器人；如果此参数保持为空，则系统在创建操作后不进行分配。

● 工具：如果在选定的机器人上安装了工具，则该命令会将该工具分配给该操作。如果想使用不同的工具，可以修改这个参数。

● 范围：默认情况下，新的连续操作嵌套在操作树的根节点下，也可通过在操作树中选择操作目录。

● 描述：可以为新的连续操作添加有意义的描述。

如果在启动连续过程生成器之前选择了复合操作，则新的连续操作将嵌套在所选的复合操作下。该操作名称、机器人和工具参数无法进行配置，因为它们从范围操作派生。

5）定义跳焊参数。在焊接中，可以采用跳焊法来减少焊缝和工件由于受热而产生的塑性变形。跳焊是将焊接接缝分成若干段，按预定次序和方向分段间隔施焊，最终完成整条焊缝的焊接方法。

在需要定义弧焊时，可以通过勾选"跳焊"扩展栏来打开该列表。

① 确定接缝的分段方法。该分段方法主要有4种，如下。

● 间距、数量。

● 长度、数量。

● 长度、间距。

● 长度、间距、数量。

② 定义参数。当确定分段方法之后，可以通过定义跳焊参数来实现分段，如图7-6所示。

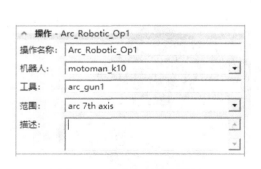

图7-5 "操作"扩展栏设置

图7-6 跳焊参数

其中，各个跳焊参数定义如下。

● 与起始点的距离：从开始跳焊的接缝开始的距离。

- 段长度：焊缝中每个段的长度。
- 间距：焊缝中各段之间的距离。
- 段数：焊缝中的段数。

6）制造特征。在连续工艺生成器中，可以通过"制造特征"扩展栏来配置制造特征的类型，以及用于存储连续制造特征的 3D 文件夹位置，如图 7-7 所示。

7）定义弧焊投影参数。可以从"连续工艺生成器"对话框中对连续操作执行弧焊投影功能，如下。

① 勾选"弧焊投影"复选框，显示"弧焊投影"扩展栏，如图 7-8 所示。

图 7-7　制造特征

图 7-8　弧焊投影

② 通过单击"弧焊投影"扩展栏中的复选框来启用投影。如果在前一个会话中设置了这些参数，那么这些值将被保留。在不单击复选框的情况下展开"弧焊投影"可以查看当前设置。

③ 要采用已投影焊缝的投影参数，可单击"参考焊缝操作"复选框，然后在图形查看器或操作树中选择一个投影焊缝。

④ 如果希望设置投影参数，则使用项目连续制造中所述的最大线段长度、最大容差和优化位置创建参数。

⑤ 如果正在配置覆盖模式过程，则弧焊还会提供位置方向参数。

7.1.2　覆盖模式

1）启动连续工艺生成器，将"工艺"设置为"覆盖模式"，如图 7-9 所示。

2）定义"选择几何体"参数。

① 在几何体选择中，单击"面"文本框，在待焊接零件中选择一个或多个面，也可以通过"面"文本框右侧的"相切面 ▷"和"移除所有面×"图标添加与初始面相切的面和移除面，选中的面以棕色突出显示，如图 7-10 所示。

图 7-9　覆盖模式

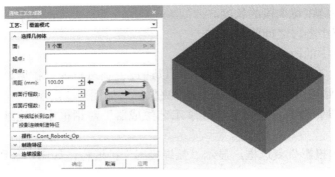

图7-10　显示突出颜色

　② 单击"起点"文本框，选择已选定的零件上的坐标、位置或点，选中的起始点被标记为绿色点，作为起始行开始的标志。

　③ 单击"终点"文本框，选择一个点作为起始行的终点，被标记为橙色点。在选择终点之后，完成设置的焊缝在系统中还会以蓝色显示参考线，并用箭头指示其方向（可以双击蓝色箭头修改箭头方向），如图7-11所示。

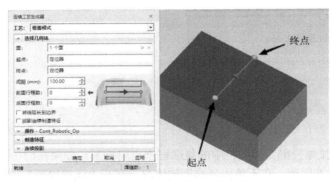

图7-11　覆盖模式的起点/终点确定

　④ 添加行程数。当设置完成第一条焊缝之后，可以在"选择几何体"扩展栏中通过设置"间距""前面行程数"以及"后面行程数"参数来添加焊缝，如图7-12所示。

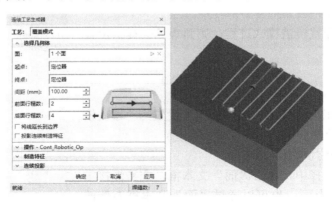

图7-12　添加行程

　在这个例子中，行程从参考线之前的第一个行程开始，沿着虚线到达第二个行程，沿着虚线到达绿色点，沿着箭头到达橙色点，然后沿着行程的虚线到达参考线之后的行程，最后结束。

3）当设置覆盖模式时，若部分定义好的焊缝并没有到达零件边缘位置，可以通过勾选"将线延长到边界"复选框来使焊缝扩展到边缘位置，如图7-13所示。

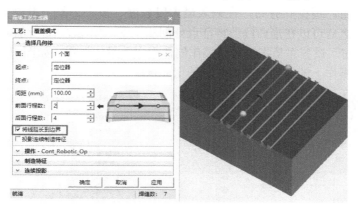

图 7-13　将线延长到边界

4）连续投影。如果需要配置连续投影参数，可以通过单击"投影参数"来打开扩展栏。

① 位置方向。位置方向主要有两种类型，分别是"往复相切"和"相切"类型，可以在"位置方向"下拉列表中选择，如图7-14所示。

当选择往复相切类型时，所有位置都以类似方向定向到参考行程的方向并与其行程方向相切。当选择相切类型时，位置与其行程相切，并根据其行程方向定向。

② 参考焊缝操作。在设置连续投影时，可以通过勾选"参考焊缝操作"复选框激活该功能。激活之后，可以在图形查看器或操作树中选择之前设置好的焊缝操作，从而采用与之相同的投影参数。

③ 设置位置分布参数。位置分布方法主要有三种，分别是按距离分布、按公差分布以及按数量分布。以下分别介绍各个分布以及应用场合。

● 按距离分布。根据此分布可以沿着新操作创建等距离的位置，如图7-15所示。

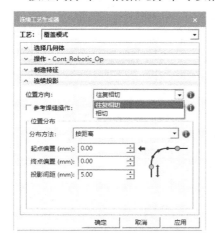

图 7-14　位置方向

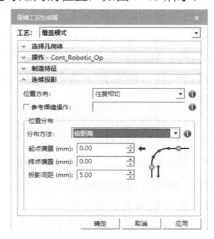

图 7-15　按距离分布

在按距离分布中，默认情况下位置是沿着操作从开始到结束创建的。如果需要在操作的开始或结束之外的地方创建起点和终点位置，可以通过设置起点偏置和终点偏置来创建起点和终点，最后设置好每一个位置之间的间距即可。

- 按公差分布。根据此分布，在输入最大段长度、最大公差、弧焊公差和最小直线长度等参数之后可以在沿曲线的特征点处创建位置，如图 7-16 所示。
- 按数量分布。该分布是指沿着新操作创建指定数量的位置，如图 7-17 所示。如果希望限制新操作上的位置数量时，可使用此选项。

图 7-16 按公差分布

图 7-17 按数量分布

7.2 投影连续制造特征

"投影连续制造特征"命令能够将一组连续制造特征投影到指定给它们的零件上，或投影到分配给制造特征的零件的特定表面上。投影连续制造特征（连续制造特征简称为 MFGS）会为每个制造特征（制造特征简称为 MFG）生成机器人接缝操作和接缝位置，并根据最大段长度和最大容差参数，预计接缝位置接近该零件的形状。

在执行投影连续制造特征命令之前，需要指定一个连续的机器人复合操作，使命令生成的接缝操作作为指定机器人操作的子项出现在操作树中。投影连续制造特征 MFGS 的步骤如下。

1）选择机器人的复合操作。

2）选择"工艺"→"连续"→"投影连续制造特征"命令，弹出"投影连续制造特征"对话框，如图 7-18 所示。

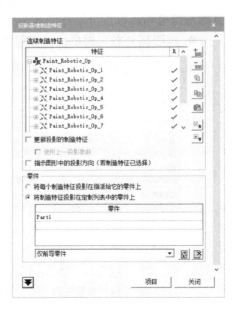

图 7-18 "投影连续制造特征"对话框

在"连续制造特征"区域显示与选定的机器人操作的树🕂，每个操作下嵌套的操作是MFGS 🞩。如果希望将制造特征投影到特定的零件面上，可以在零件面下嵌套零件面。如果省略嵌套任何零件面，则系统默认将MFGS投影到"零件"区域中列出的零件上。

对于每个制造特征，"连续制造特征"区域中右侧的"R（结果）"列表示制造特征的投影状态，"R"列中可能的状态有以下几种。

[空白]：未投影。

✓：投影成功的精确几何图形。

⤳：投影成功的近似几何图形。

✓⤳：投影在近似几何图形上成功（如果尝试，则在精确几何图形上失败）。

?：当操作重新投影失败时，系统会保留先前投影的位置。

×：投影失败（对于近似和精确几何图形来说，如果尝试失败）。

3）在编辑"连续制造特征"区域时，可通过单击"⊞↓"或"⊟↑"按钮来展开或折叠"特征"树中的另一层节点。例如，如果至少有一个面节点当前展开，则折叠功能将该树折叠到制造特征节点的较高级别。

4）如果希望向特征树中添加更多操作，则在操作树中选择所需的操作，然后单击"🖳"按钮，所选操作将显示在特征树中及其关联的MFGS中，而且在连续制造特征中只允许添加已拥有MFGS的操作，同时自动忽略重复的选择。

5）可以将MFGS添加到特征树中，如下。

① 在MFG查看器中选择连续MFGS，或者在操作树中选择与相关MFGS连续的操作。

② 单击"添加制造特征🖳"按钮，将MFGS添加到"功能"树中。制造特征会自动将其分配到其操作下的特征树中。

需要注意的是，如果操作在特征树中不存在，则系统添加所需的节点；如果通过选择操作树中的操作添加制造，则该操作将通过嵌套制造特征来添加到特征树中；如果添加与多个操作关联的制造特征，则会添加所有相关操作，并且制造特征嵌套在每个操作下。

6）如果希望将制造特征投影到指定的零件面上，需先选择指定面，如下：系统将选定面的MFGS投影到选定的面上，并且MFGS已省略选择"零件"列表中零件的面。

① 单击要在其下面嵌套面的"要素"树中的制造特征。

② 单击"🖺"按钮，弹出"面选择"对话框，如图7-19所示。

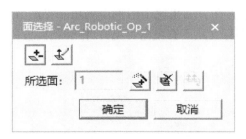

图7-19 "面选择"对话框

③ 选择以下其中一种面选择模式。

⤓：添加/删除。在图形查看器中，单击想要添加的面。选定的面在图形查看器中高亮显示，当前面数计数器更新。如果想取消选择的面，可再次单击该按钮。

⤶：自动添加相邻面，如果已经选择了至少一个面，系统将自动选择与已选择面相邻的面。

⤶：清除面选择。

⤶：编辑法向模式，单击想要翻转的正常面，如图 7-20 所示。

图 7-20　清除面选择

⤶：翻转所有法线，可以在单个操作中翻转所有选定面的法线。

④ 单击"确定"按钮，完成面选择。

7）可以选择面并使用"复制⤶"按钮和"粘贴⤶"按钮来方便在其他制造特征下进一步选择面。

8）配置以下选项。

① 更新投影的制造特征。如果投影已经存在并且希望更新它，则勾选"更新投影的制造特征"以覆盖当前数据。如果清除此选项（这是默认设置），系统将省略先前投影的特征。

另外，如果勾选了"更新投影的制造特征"，则可以选中"使用上一投影参数"来指示系统使用与先前投影中相同的参数。如果使用上次投影参数清晰（默认设置），则系统将使用在"投影参数"区域中设置的参数。

注意：如果先前的投影是使用版本 11 之前的 Process Simulate 版本执行的，则不能使用"使用上一投影参数"选项，在这种情况下，系统将使用默认参数。

② 指示图形中的投影方向。如果选中图形中的指示投影方向，系统会在创建接缝时向第一个位置添加一个圆锥图标（从所有视角可见），锥体指向投影的方向，如图 7-21 所示。

图 7-21　锥体指向投影的方向

9）在"零件"区域中，在"连续制造特征"中所选操作的 MFGS 自动出现在功能列表中，而 MFGS 的相关零件在"零件"列表中列出，如果制造特征下方有嵌套面，则系统将忽略"零件"区域中的设置。在"零件"区域中，可以执行以下功能。

① 将每个制造特征投影在指派给它的零件上。此时系统自动将每个制造特征投影到其分配的零件上。

② 将制造特征投影在定制列表中的零件上。系统将制造特征投影到"零件"列表中列出的零件上，如果向特征树添加了其他 MFGS，则从下拉列表中选择其中一项，然后单击"⊡"按钮以将关联的零件添加到"零件"列表。

若要清除"零件"列表中的所有零件，可以单击"⊡"按钮清除所有零件。

10）如果希望微调投影参数，则单击"▼"按钮以展开"投影连续制造特征"对话框的"投影参数"区域，如图 7-22 所示。

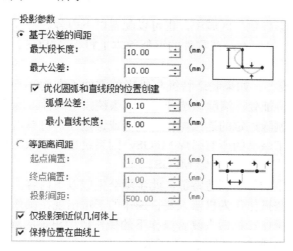

图 7-22　"投影参数"区域设置

11）在"投影参数"区域中，可以选择下列选项之一。

① 基于公差的间距。系统根据目标机器人的几何形状放置投影位置，需配置以下参数。

最大段长度：投影连续 MFGS 时创建的两个位置之间的最大允许距离。

最大公差：位置和定义接缝几何的曲线之间允许的最大距离。

优化圆弧和直线段的位置创建：当设置为默认设置时，此选项会优化制造特征的投影，但需要源 MFG 中的所有位置都符合定义的弧焊公差和最小直线长度。该系统创建一个投影，使用两个位置时为直线投影，三个位置时为圆弧，五个位置时为圆圈。当此选项关闭时，系统会创建连续位置的投影，这时需要大量计算机资源。

完成投影后，系统根据曲线段的检测结果设置各个位置的运动类型。位置的运动类型取决于机器人接近位置的方式。对于圆形曲线，系统将最后两个点设置为 CIRC；对于线性曲线，最后一点设置为 LIN。这些点投影的位置由这些运动类型设置。

② 等距离间距。当选择等距离间距投影时，系统根据以下参数放置投影位置。

起点偏置：从制造特征开始到第一个投影位置的偏移距离。

终点偏置：从最后一个投影位置到制造结束的偏移距离。

投影间距：投影位置之间的距离。

图 7-23 比较了基于公差的间距和等距离间距的结果（左图为基于公差的间距，右图为等距离间距）。

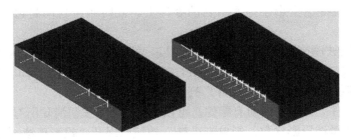

图 7-23　基于公差的间距和等距离间距的结果

12）此外，在"投影参数"区域中，也可以配置以下内容。

① 仅投影到近似几何体上：在零件的近似版本上投影 MFGS。使用此选项可节省计算资源并快速得到结果。

② 保持位置在曲线上：如果制造特征与投影的零件不在同一平面上，设置此选项可确保投影位置保留在制造特征处；清除该选项将导致系统投影零件上的位置。

13）要从特征树中删除选定的连续操作、制造或选定面，可单击"　"按钮移除。

如果删除连续操作下嵌套的所有弧焊 MFGS，则系统也会删除连续操作。

14）单击"　项目　"按钮以投影 MFGS。

对于"特征"列表中的每个制造特征，此步骤会生成以下内容。

连续特征操作：这些操作作为机器人复合操作的子项出现在操作树中。特征树中 MFGS 的顺序决定了连续特征操作在机器人复合操作下的操作树中出现的顺序。操作树中接缝操作的顺序决定了它们执行的顺序，如图 7-24 所示。

接缝位置：接缝位置出现在图形查看器的相关零件上，如图 7-25 所示。

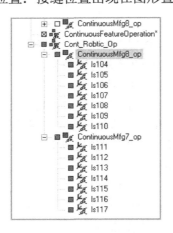

图 7-24　连续特征操作

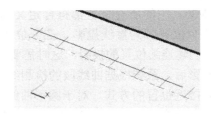

图 7-25　接缝位置

15）当投影连续制造特征完成之后，"连续制造特征"区域中右侧的"R（结果）"列中会显示"投影成功的精确几何图形"符号。最后单击"关闭"按钮，关闭"投影连续制造特征"对话框。

7.3 焊炬对齐

使用"焊炬对齐"命令可以编辑使用投影弧焊焊缝创建的接缝位置，使用此命令进行小的更改，可以节省创建新操作的需求。使用焊炬对齐编辑接缝操作步骤如下。

1）在操作树中，选择一个接缝操作或位置。

2）选择"工艺"→"弧焊"→"焊炬对齐⌞"命令，弹出"焊炬对齐"对话框，如图 7-26 所示。

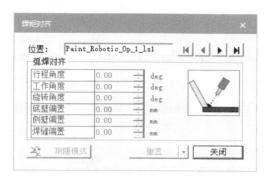

图 7-26 "焊炬对齐"对话框

3）使用箭头按钮选择一个位置或输入位置名称。系统使用放置操控器在图形查看器中显示位置，如图 7-27 所示。

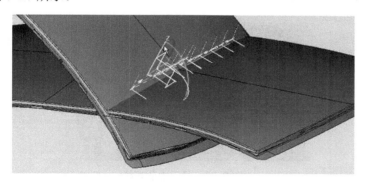

图 7-27 位置

4）使用操控器调整选定位置的地点。

5）编辑所选位置的弧焊对齐参数，表 7-1 介绍了弧焊对齐参数。

表 7-1 弧焊对齐参数表

对齐参数	描　述
行程角度	从宽边视图看到焊炬的侧向倾斜。默认值为 0（割炬正好在平分线上接近接缝）

对齐参数	描　　述
工作角度	沿平分线测量接近角。默认值为 0（割炬正好接近平分线上的接缝）
旋转角度	割炬围绕其法线（逼近）矢量的角度。默认值为 0
底壁偏置	基准图可以通过原始投影位置和操控后的接缝位置来定义。底壁偏置是该平行四边形底边的长度
侧壁偏置	侧视图可以由原始投影位置和操控后的接缝位置定义。侧壁偏置是该平行四边形边长
焊缝偏置	焊缝偏置是该平行四边形的对角线的长度，其在操控之后连接原始投影位置和接缝位置。平行四边形可以由原始投影位置和操控之后的接缝位置来定义

6）选择其他位置并编辑它们。

7）通过单击"跟随模式"按钮，可以使分配的机器人在选择要编辑的位置时跟踪位置，再次单击该按钮取消跟随模式。如果该位置不在机器人可到达的范围内，则系统会显示一把虚的焊枪，如图 7-28 所示。

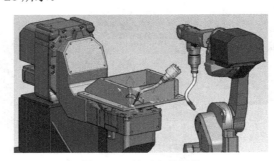

图 7-28　显示虚的焊枪

当所选位置在机器人可到达范围内时，虚的焊枪消失，机器人跳到选定位置。

8）默认情况下，单击"重置"按钮以重置当前位置到原来的值。单击"重置"按钮旁的下拉列表，可以选择重置所有已编辑位置以将"焊炬对齐"对话框恢复为启动时的状态（将所有已编辑位置重置为原始值）。

9）单击"关闭"按钮，关闭"焊炬对齐"对话框。

7.4　弧线连续定位

"弧线连续定位"工具自动计算与单个旋转轴线定位器和定位器与两个垂直旋转轴最佳位置外部轴，这样做是为了通过水平接缝平行于地面并以向下运动进行焊接（焊炬位于接缝上方，接近矢量垂直）来实现最佳焊接效果。

该工具是灵活的，可以为位置法线的对齐指定任何方向，并且可以将任何位置矢量定义为法线。

对于具有两个垂直旋转轴的定位器，使用具有0.08°固定精度的迭代算法。

1）选择与同一机器人相关的位置或机器人操作。选择操作会导致选择所有选定操作的位置。主动机器人必须具有一个或多个外部轴，并且这些外部轴中必须至少有一个定位器可用。

2）选择"工艺"→"弧焊"→"弧焊连续定位 "命令，弹出"弧焊连续定位"对话框，如图 7-29 所示。

所选位置显示在"位置"列表中。

3）根据需要选择更多位置或删除位置。

4）选择合适的定位器来计算接缝位置的外部轴。

图 7-29 "弧焊连续定位"对话框

5）选择法向矢量。这定义了哪个位置的方向矢量将与目标的相同矢量对齐（默认情况下，Z+被选中）。

6）选择移动矢量。这定义了哪个位置的方向矢量与接缝相切（默认选择 X+）。与法向矢量一起，该参数定义了如何应用行程偏差和工作偏差。

7）选择一个坐标系来设置目标方向。此坐标系的法向矢量用作目标方向（默认情况下选择 WorldFrame）。

8）设置行程偏差如下。

当行程偏差为 0 时，位置法向矢量与目标方向对齐。

当行程偏差大于 0 时，位置法向矢量朝接缝方向倾斜（当法向矢量=Z+且移动矢量=X+时，绕 X+正转）。

当行程偏差小于 0 时，位置法向矢量向后倾斜（当法向矢量=Z+且移动矢量=X+时，绕 X+负旋转）。

9）设置工作偏差如下。

当工作偏差为 0 时，没有偏差。

当工作偏差大于 0 时，从开始到结束接缝观察时，右侧存在偏差（当法向矢量=Z+且移动矢量=X+时，绕 X+正转）。

当工作偏差小于 0 时，从开始到结束接缝观察时，左侧存在偏差（当法向矢量=Z+且移动矢量=X+时，绕 X+负旋转）。

10）单击"应用"按钮，所选位置的外部轴被更新。

11）该过程完成后，单击"关闭"按钮。

7.5 投影弧焊焊缝

"投影弧焊焊缝"命令可以在两个零件的交点或两个零件面的交点处投影出弧焊制造特

征，并创建弧焊操作。可以使用此命令为割炬两部分的弧焊创建操作，在执行此过程之前，运行新的连续特征操作或连续过程生成器命令以选择一个机器人，并将弧焊制造与连续操作相关联。

投影弧焊焊缝操作步骤如下。

1）选择位于两个零件交点处或两个零件面交点处的圆弧生产线。

通常情况下，弧焊制造特征大约位于零件或面的交点处，它不一定非要在交点处。

2）选择"工艺"→"弧焊"→"投影弧焊焊缝 "命令，弹出"投影弧焊焊缝"对话框，如图 7-30 所示。

在"弧焊制造特征"区域中，特征树将目标连续操作作为父节点，用"⬛"图标表示。源弧 MFGS 嵌套在连续操作下并用"✕"图标表示。

在特征树中，可以将多个源弧制造特征分配给相同连续操作，如图 7-31 所示；也可以选择分配给多个连续操作的多个弧焊 MFG 后启动该命令，如图 7-32 所示，系统显示两个连续操作，每个操作有一个 MFG。

图 7-30 "投影弧焊焊缝"对话框

图 7-31 连续操作的多个源弧 MFG

图 7-32 MFG 命令

3）如果希望向特征树中添加更多操作，则在操作树中选择所需的操作，然后单击"🖳"按钮添加制造特征，所选操作将显示在特征树中及其关联的 MFGS 中，且该系统只允许添加拥有 MFGS 的操作，并自动忽略重复的选择。

4）如果投影已经存在并且希望更新它，则勾选"更新投影的制造特征"以覆盖当前数据。如果此选项被清除（这是默认设置），则系统省略先前投影的 MFG。

5）如果勾选了"更新投影的制造特征"，则可以选中"使用上一投影参数"来指示系统使用与先前投影中相同的参数。如果使用上次投影参数清晰（这是默认设置），则系统将使用在"投影参数"区域中设置的参数。

如果先前的投影是使用版本 11 之前的 Process Simulate 版本执行的，则不能使用"使用上一投影参数"选项，在这种情况下，系统将使用默认参数。

6）如果选中图形中的指示投影方向，系统会在创建接缝时向第一个位置添加一个圆锥图标（从所有视角可见），锥体指向投影的方向，如图 7-33 所示。

图 7-33 投影方向

7）配置通用弧焊对齐参数，具体参数说明见表 7-2。

表 7-2 弧焊对齐参数表

对齐参数	描　　述
行程角度	从宽边视图看到焊炬的侧向倾斜。默认值为 0（割炬正好在平分线上接近接缝）
工作角度	沿平分线测量接近角。默认值为 0（割炬正好接近平分线上的接缝）
旋转角度	割炬围绕其法线（逼近）矢量的角度。默认值为 0
焊缝偏置	焊缝偏置是该平行四边形的对角线的长度，其在操控之后连接原始投影位置和接缝位置。平行四边形可以由原始投影位置和操控之后的接缝位置来定义

8）如果已经为某些弧焊 MFG 定制了对齐参数，则可以勾选"覆盖投影的特定弧焊对齐参数"进行投影，如果希望取消这些参数（并使用默认参数），则无须单独重置定制的每个弧焊制造特征。

9）如果希望将弧焊 MFGS 添加到特征树中，则单击"▸"按钮，弹出"添加制造特征"对话框，如图 7-34 所示。

10）选择一个关联的弧焊操作，这可能与已经添加的命令或另一个弧焊制造特征的目标操作相同。

11）选择一个弧焊制造特征。

12）在"零件/面"区域中，按如下方式定义零件/面。选择零件，在 MFG 投影到两个零件的交点处，并按以下步骤操作。

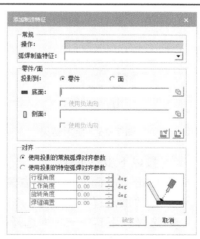

图 7-34　"添加制造特征"对话框

① 在图形查看器或对象树中选取基本零件和边零件，或直接输入其名称。

② 可以检查底部或侧面零件使用负法向。这翻转了通常用于计算的正常值，并且新接缝操作中的位置方向相反，如图7-35所示。

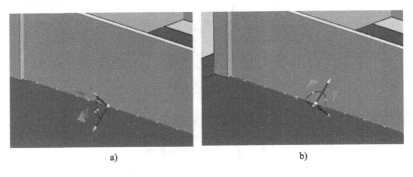

a)   b)

图7-35 查底部和侧面零件使用的负面法线

a) 底部 b) 侧面

"使用负法向"影响机器人接近角度，并可用于改善结果。正在使用负法向的零件标有"⊤"图标，如图7-36所示。

也可以从"零件/面"区域中的"投影到"一栏选择"面"以在两个零件面的交点处投影出制造特征，此时"添加制造特征"对话框更改为如图7-37所示的对话框。

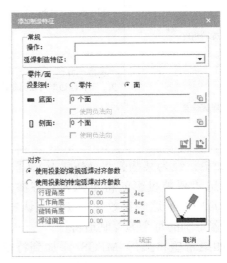

图7-36 使用结果   图7-37 "添加制造特征"对话框更改

③ 按以下步骤进行。

● 单击"底面"文本框右侧的"⬛"按钮以选择面，弹出"面选择"对话框，如图7-38所示。

● 选择以下其中一种面选择模式。

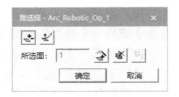

图7-38 "面选择"对话框

⬉：编辑法向模式，单击想要翻转的正常面，如图7-39所示。

182

添加/删除面。在图形查看器中，单击想要添加的面。选定的面在图形查看器中高亮显示，当前面数计数器更新。如果想取消选择一个面，则再次单击它。另外，可以使用以下图标。

自动添加相邻面，如果已经选择了至少一个面，系统将自动选择与已选择面相邻的面。

清除面选择。

图 7-39　面选择模式

也可以单击"翻转所有法线 "按钮以在单个操作中翻转所有选定面的法线。

● 单击"侧面"文本框右侧的" "按钮，选择一个面，具体操作与上述选择"底面"步骤一样，但系统不允许边零件和基本零件选择相同的零件。

13）单击" "按钮，在图形查看器突出显示零件/面，如图 7-40 所示，而图形查看器中的所有其他对象都变暗。

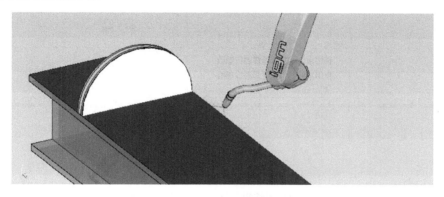

图 7-40　突出显示零件/面的图形查看器

14）单击" "按钮，可以将在"零件/面"区域中所选的底面和侧面进行相互调换。

15）在"对齐"区域中，选中以下选项之一。

① 使用投影的常规弧焊对齐参数：弧焊制造特征使用在上面第 7）步中配置的对齐参数，这是默认设置。

② 使用投影的特定弧焊对齐参数：专门配置对齐参数以用于新弧焊 MFG[如上面的步骤 7）所述]。系统为特定的对齐参数添加一个节点到弧焊 MFG，如图 7-41 所示。

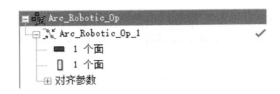

图 7-41　节点添加结果

并且可以将对齐参数节点复制并粘贴到其他弧焊 MFGS。

16）单击"确定"按钮确认新的弧焊制造特征的零件/面，"添加制造特征"对话框关闭。

17）如果希望对弧焊制造特征进行编辑，可以在"弧焊制造特征"区域中双击目标操作，或在"弧焊制造特征"区域中单击"　　"按钮，弹出"编辑制造特征数据"对话框。编辑过程可参考"添加制造特征"操作。

如有需要可考虑添加"编辑制造特征数据"对话框，如图 7-42 所示。

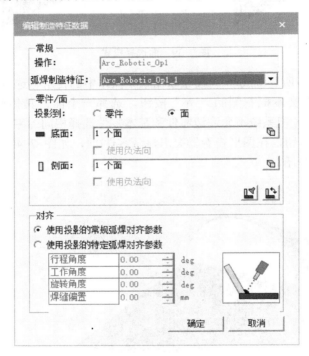

图 7-42　"编辑制造特征数据"对话框

18）要从"投影弧焊焊缝"对话框中删除选定的连续操作、制造或对齐参数，可单击"　　"按钮移除操作。

如果删除连续操作下嵌套的所有弧焊 MFGS，则系统也会删除连续操作。

19）或者，使用"复制　"和"粘贴　"按钮在"投影弧焊焊缝"对话框中将零件/面从一个节点复制并粘贴到另一个节点；也可以复制和粘贴对齐参数。

20）使用"　　"和"　　"按钮展开和折叠"投影弧焊焊缝"对话框层次结构。

21）如果希望微调投影，则单击"　　"按钮以显示"投影弧焊焊缝"对话框的"投影参数"区域，如图 7-43 所示。

图 7-43 "投影参数"区域

可以配置以下参数，见表 7-3。

表 7-3 配置参数表

参 数	描 述
最大段长度	投影连续 MFGS 时创建的两个位置之间的最大允许距离
最大公差	位置和定义接缝几何体的曲线之间允许的最大距离
优化圆弧和直线段的位置创建	当设置（这是默认设置）时，此选项可以优化制造投影，条件是源 MFG 中的所有位置都符合定义的弧焊公差和最小直线长度。系统使用两个位置时为直线创建投影，三个位置时为圆弧，五个位置时为圆圈。当此选项关闭时，系统会创建连续位置的投影，这时需要大量计算机资源 完成投影后，系统根据曲线段的检测结果设置各个位置的运动类型。位置的运动类型取决于机器人接近位置的方式。对于圆形曲线，系统将最后两个点设置为 CIRC；对于线性曲线，最后一点设置为 LIN。这些点投影的位置由这些运动类型设置
仅投影到近似几何体上	项目 MFGS 在零件的近似几何体上。使用此选项可节省计算资源并实现快速结果

22）单击"项目"图标。系统投影每个弧焊 MFGS 并在相关的连续操作下创建嵌套操作，如图 7-44 所示。

此外，系统会使用制造特征的投影状态更新"投影弧焊焊缝"对话框的"R"列，如图 7-45 所示。

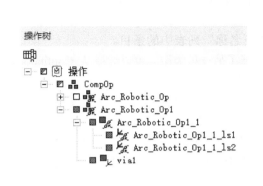

图 7-44 操作树

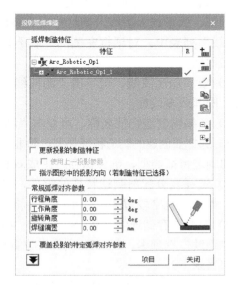

图 7-45 "投影弧焊焊缝"对话框"R"列

7.6 由曲线创建连续制造特征

使用"由曲线创建连续制造特征（MFGS）"命令，可以在当前项目中的任何曲线创建连续 MFGS，可以使用现有曲线、创建新曲线或从外部 CAD 程序导入曲线。创建连续制造特征后，可以将连续生产项目投影到零件上。

由曲线创建连续制造特征的步骤如下。

1）在对象树中，选择对象并设置建模范围。

2）选择"工艺"→"连续"→"由曲线创建连续制造 "命令，弹出"由曲线创建连续制造特征"对话框，如图 7-46 所示。

图 7-46 "由曲线创建连续制造特征"对话框

如果在启动"由曲线创建连续制造特征"命令之前在图形查看器或对象树中选择了曲线、圆形、弧形或多段线，则这些元素将加载到"由曲线创建连续制造特征"对话框右侧的"源曲线"列表中。对话框左侧的"制造特征名称"列表中显示了要创建的每个制造特征的默认名称。

3）要添加源曲线，可单击"源曲线"列表的底部行，并从图形查看器或对象树中选择圆形、圆弧或多段线。

4）要编辑制造特征名称，可双击"制造特征名称"列表中的条目。

5）选择要创建的制造特征类型，除非先前选择了另一种类型。可以选择从 ContinuousMfgs 继承的制造特征类型，确保保存时生成.cojt 格式文件。

6）选择要分配新制造特征的零件，可单击分配以分离并在图形查看器或对象树中选取零件。如果将此字段留空，则系统不会将制造特征分配给任何零件。

7）要配置存储连续 MFGS 的 3D 文件夹位置，可单击" "按钮，弹出"选项"对话框的"连续"选项卡，将 3D 文件夹位置设置到所需的位置（注意：文件夹位置必须嵌套在系统根目录下）。

该系统使可以将制造 JT 文件与所有其他 JT 文件分开存储。系统在本地存储制造 JT 文件，直到执行更新数据更改为 eMServer。

8）单击"确定"按钮。本地更改的制造特征会使用以下覆盖标记进行标记：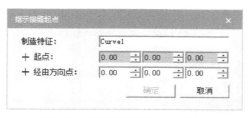。

7.7 指示接缝起点

使用"指示接缝起点"命令，可以为由封闭曲线创建的连续制造特征设置起点和方向。运行投影连续制造特征命令时，使用此命令可控制接缝中位置的顺序。

设置连续 MFGS 的起点和方向的步骤如下。

1）选择"工艺"→"连续"→"指示接缝起点 ◯"命令，弹出"指示接缝起点"对话框，如图 7-47 所示。

图 7-47 "指示接缝起点"对话框

2）单击制造特征，然后从图形查看器或查看制造特征中选择想要配置的连续 MFG。如果在启动指示接缝起点之前选择了制造特征，则会将其加载到制造特征功能中。

3）单击"指示接缝起点"对话框中的开始点。在图形查看器中，选择想要成为起点的制造特征点。图形查看器中插入一个小红叉，起点显示所选点的坐标。

4）单击"指示接缝起点"对话框中的经由方向点。在图形查看器中，单击起点旁边的一个点来指示希望选择的方向。对于闭合曲线，投影方向是从起始点到通孔方向点。图形查看器中插入一个小蓝十字，经由方向点显示所选点的坐标，如图 7-48 所示。

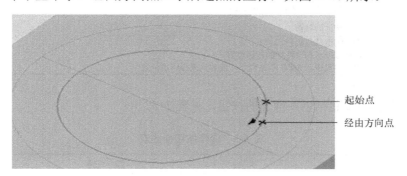

图 7-48 经由方向点

在制造特征上拾取点时必须在图形查看器中执行，无法直接在"指示接缝起点"对话框中配置值。

7.8 CLS 上传

CLS 上传外部 CLS（刀路轨迹源）文件（从 CAM 软件如 NX CAM）的机器人操作、位置或接缝 MFGS，步骤如下。

1）选择一个机器人。

2）选择"工艺"→"连续"→"CLS 上传 "命令。

7.9 制造特征查看器

制造特征查看器在研究中显示所有的制造特征，如图 7-49 所示。

图 7-49　所有的制造特征

制造特征查看器具有以下功能。

- 在研究中查看制造特征。
- 切换每个制造商的视图状态。
- 查看每个制造商的投影状态。
- 查看制造特征属性，从操作中取消分配制造特征。
- 将制造特征分配给操作。

默认的制造特征查看器显示屏包含以下信息，见表 7-4。

表 7-4　制造特征查看器显示屏信息表

图　标	描　　述
🔅	指示制造商的显示状态。可以单击 MFG 的显示状态图标以更改其显示状态 ■制造商显示在图形查看器中 □制造商不显示在图形查看器中
制造特征	制造特征的标题
⚓	指示制造特征的投影状态 ✓符号表示制造特征的投影位置 空白字段表示 MFG 不是位置，或者是未投影的位置

注："制造特征"没有图标。

该厂家批号浏览器包括以下操作的按钮，见表 7-5。

表 7-5　操作按钮描述表

图　标	名　　称	描　　述
🔍	按标题查找	通过标题在制造特征查看器中搜索制造特征。打开一个查找对话框，可以在其中指定生产厂家标题
🚫	取消分配	从查看器中当前分配的所有操作中取消指定在查看器中选定的制造特征。如果当前未分配的制造特征是焊接点，则根据在"选项"对话框的"焊接"选项卡中的焊接位置取消分配中配置的规则，重新分配嵌套在焊接点下的所有焊接位置
▦	字段	选择制造特征查看器中显示的制造商属性
▽ ▾	按类型过滤	按类型过滤制造特征的显示。单击以显示下拉菜单，可以选择要在查看器中显示的制造商类型。制造特征查看器只显示指定的制造特征类型

第8章 路径编辑器

【本章目标】

本章主要介绍 Process Simulate 软件中对路径编辑器的认识、如何调整程序路径和位置，以及添加离线编程命令等相关知识，以便读者更好地修改和优化程序。

8.1 使用路径编辑器

路径编辑器通过显示有关路径和位置的详细信息，提供了一种可视化和操作路径数据的简单方法，路径编辑器的左侧包含一个树，右侧包含一个值表，如图 8-1 所示。

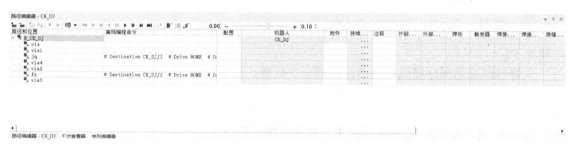

图 8-1 路径编辑器

将路径编辑器导出到 Excel 时，在 Excel 表中第一、二列将始终显示为"路径和位置"和"类型"，如图 8-2 所示。

	A	B	C	D	E	F
1	路径和位置	类型	配置	离线编程命令	持续时间	注释
2	PaP_1	PmCompoundOperation			27.06	
3	product_Op	PmObjectFlowOperation			5	
4	loc	PmObjectFlowLocationOperation			0	
5	loc1	PmObjectFlowLocationOperation			5	
6	irb1600id_4_150__01_PNP	PmGenericRoboticOperation			8.67	
7	via	PmViaLocationOperation			1.98	
8	pick	PmGenericRoboticLocationOperation		# Destination Gri	1.25	
9	via1	PmViaLocationOperation			1.95	
10	place	PmGenericRoboticLocationOperation		# Release G_T #	0.97	
11	via6	PmViaLocationOperation			0.62	
12	via2	PmViaLocationOperation			1.91	
13	product2_Op	PmObjectFlowOperation			5	
16	irb1600id_4_150__01_PNP	PmGenericRoboticOperation			8.39	
23	Frame_Op	PmObjectFlowOperation			5	
24	loc4	PmObjectFlowLocationOperation			0	
25	loc5	PmObjectFlowLocationOperation			5	

图 8-2 显示操作的类型

该表包含有关每个路径中每个位置的详细信息。例如，当选择一个操作时，该表格包含示教器期间定义的信息，例如位置属性，并且可以根据需要直接单击表格单元格内的数据来更改数据。

在路径编辑器中，可以轻松添加、删除、复制、粘贴和重新排序路径、位置和操作。这可以在路径内和不同路径之间执行，也可以从操作树、对象树或图形查看器中单击并拖动路径（只能将位置从图形查看器中拖出）到复合操作中。在将操作添加到程序中时，不仅可以将相同的操作添加到多个程序，而且还可以在图形查看器中选择多个位置，然后将其拖放到路径编辑器树中的操作的任何位置。

在路径编辑器的"路径"列中加载机器人路径时：

1）如果它是作为机器人操作加载的，则可以在加载的程序中引用其路径号。如果它作为在根操作或复合操作中加载，则不会显示路径编号，也不能编辑它。

2）如果暂停模拟并对操作进行更改，模拟将在后台快速重置并运行，直到暂停时访问的最后一个位置。当恢复模拟时，模拟将从之前停止的位置开始，而且可以使用工具栏中的任何播放前进控件恢复模拟。如果通过播放后退控件恢复模拟，则模拟中将会出现间隙。

可以在机器人操作中从选定位置运行仿真，并避免在后台运行重置和快进的延迟，具体步骤如下。

先将程序添加到路径编辑器中，选择一个位置，然后单击"从当前机器人位置播放到所选位置"图标，机器人将从此处开始运行仿真，并运动到目标位置。由此产生的仿真可能与预期不同，因为忽略了起始位置之前的所有仿真事件（视点事件、OLP 附着/分离、隐藏/显示、抓取/释放等命令）。在非模拟段中，碰撞检测也被跳过。

该路径编辑器工具栏显示如图 8-3 所示；而表 8-1 介绍了路径编辑器工具栏中的可用选项。

图 8-3　路径编辑器工具栏

表 8-1　路径编辑器工具栏描述表

按　　键	命　　令	描　　述
	向编辑器添加操作	将对象树中的当前操作添加到路径编辑器
	从编辑器中删除条目	从路径编辑器中删除所选项目（此操作不会删除操作树中的操作）
	添加操作至程序	将操作添加到路径编辑器
	从程序中移除操作	从路径编辑器中删除操作
	上移	将一个或多个选定（顺序）位置向上移动到树中的节点，即更改操作的有序序列
	下移	将一个或多个选定（顺序）位置向下移动到树中的节点，即更改操作的有序序列
	定制列	选择要在"路径编辑器"表中显示的列 要加载现有的路径编辑器列集，可单击"自定义列"图标中的箭头，然后选择预定义的列集

按　键	命　令	描　述
▤	设置位置属性	编辑多个位置的参数
▦	路径段仿真	选择路径的一部分（一组连续的位置）进行仿真
◀◀	将仿真跳转至起点	将仿真设置为加载操作的开始。机器人跳转到分段范围的第一个位置
◀	将仿真反向播放至操作起点	向后播放仿真，直到加载操作开始。图形显示仅在操作段范围内更新
◀	反向步进仿真	向后步进仿真。图形显示仅在操作段范围内更新
◀	反向播放仿真	向后播放仿真。图形显示仅在操作段范围内更新
▮▮	暂停仿真	停止仿真
▶	正向播放仿真	向前播放仿真。图形显示仅在操作段范围内更新
▮▶	正向步进仿真	向前步进仿真。图形显示仅在操作段范围内更新
▶▮	将仿真正向播放至操作起点	向前播放仿真直到加载操作结束。图形显示仅在操作段范围内更新
▶▶	将仿真跳转至终点	将仿真设置为加载操作的结尾。机器人跳转到段范围的最后位置
↳▶	从此位置播放	选择位置操作后，使用此命令在后台运行仿真，直到到达所选位置。从那里，仿真继续在用户可见的情况下运行
11.10	仿真时间间隔	显示正在运行的仿真的经过时间
✈	自动示教	当零件在仿真过程中移动时，零件上的位置也会移动，其绝对坐标也会发生变化。因此，机器人可能无法找到这些位置 激活自动示教之前，使用序列编辑从顺序对话框编辑器来指定机器人将学习的位置。激活后，自动教学功能会为仿真操作中的每个位置设置以下内容（始终是路径编辑器中首先列出的操作）： ● "机器人配置"对话框中列出机器人解决方案的最佳机器人配置。运行仿真后，"配置"列中将显示✎图标。如果要检查结果，则双击此图标以打开"机器人配置"对话框 在自动示教模式下运行仿真以确定最佳机器人配置后，机器人在不处于自动示教模式时使用此配置。单击以删除机器人配置。可以在运行自动教学后手动编辑机器人配置 ● 附着在零件上的机器人位置的绝对位置（在仿真期间）。这些坐标显示在"教学"列中 必须在自动示教模式下运行仿真以确定坐标。执行此操作后，机器人能够在不处于自动示教模式时使用坐标来查找在仿真期间移动的位置。如果在"动态参考坐标系"列中输入坐标系，则相对于所选坐标系（而不是相对于世界坐标系）记录"教学"坐标。当零件位于传送带或转盘上时，这很有用 注意： ● 对于已安装的工件操作，将相对于机器人工具坐标记录示教坐标 ● 将程序下载到真实机器人时也会使用自动教学数据

8.2　在路径编辑器中编辑多个位置

在路径编辑器中编辑多个位置的步骤如下。

1）选择想要编辑其属性的位置或操作。

2）所有选定的位置必须分配给使用相同控制器的机器人。

3）单击"▤"按钮，弹出"设置位置属性"对话框，如图 8-4 所示。

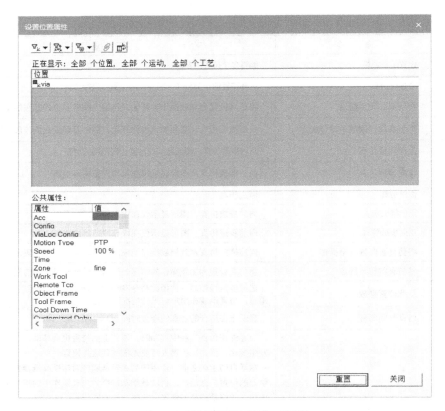

图 8-4 "设置位置属性"对话框

"位置"列表中显示所有选定的位置，若需选择特定的位置，则可以通过单击以下选项之一来过滤此列表。

：按位置类型过滤。从全部、通过、通用、焊接、焊缝、首个焊缝、最后焊缝和焊缝经由等位置选项选择。

：按运动类型过滤。从全部、关节、线性和圆形运动中进行选择。

：按工艺类型过滤。该列表根据自定义控制器上可用的过程类型动态填充。

"公共属性"则显示当前在"位置"中列出的所有位置共有的属性（及其值），并可以编辑希望应用于所有位置的属性。

在设置位置属性时，需要注意以下几点。

① 在"公共属性"列表中，各个属性的值对于所有选定的位置都是相同的。如果更改值（通过编辑单元格或使用打开的外部对话框），新值将应用于所有选定的位置。

② 如果使用过滤器更改"位置"列表，则"常用"属性将相应更改。

③ 无法编辑以灰色突出显示的属性。这些文件是只读的，或者只能针对某些选定的位置进行编辑（但不是全部）。

④ 如果其他属性依赖于编辑的属性，则会删除它们的值。例如，如果编辑时间，速度值将被删除。

4）如果希望从现有源位置复制属性而不是手动编辑它们，可以通过单击" "按钮在"设置位置属性"对话框中显示"源位置属性"列表，如图 8-5 所示。

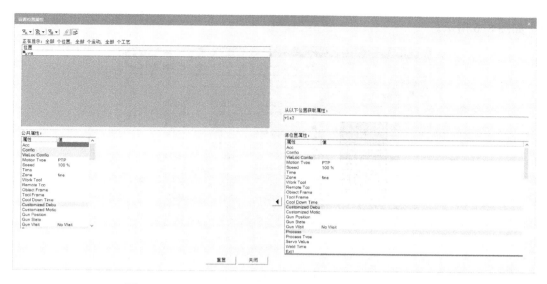

图 8-5 "设置位置属性"对话框中的"源位置属性"列表

5）单击"从以下位置获取属性"文本框并选择一个源位置，则在"源位置属性"列会显示出所选位置的属性。无法在右侧窗格中编辑属性。

6）从"源位置属性"列表中，选择要复制到"位置"中列出的位置属性，然后单击"◄"按钮，所需的数据会实时复制到"公共属性"列表中。

7）如果正在编辑焊接位置并且已配置本地机器人参数，则这些参数将以斜体显示，如果它们与相应的映射焊接点属性值不同，可以单击"设置位置属性"工具栏中的"🖉"按钮将所有焊接位置机器人参数重新链接到其对应的焊接点属性。重新链接参数后，它们不再以斜体显示，表明它们现在与其映射的 MFG 属性值相同；也可以单击重新链接列中的"重新链接所选位置"按钮。

8）如果想放弃所做的更改，则单击"重置"按钮。

8.3 仿真路径段

在编辑路径时，可能对某个操作的特定部分进行优化和调试。在这种情况下，每次从头开始仿真操作是耗时且多余的，可以将感兴趣的位置定义为操作段。当 Process Simulate 仿真一个段时，仿真将从第一个选定位置开始运行，并在最后选择的位置结束。在优化或调试路径段时，需要注意以下几点。

1）更改第一个或最后一个段的位置或删除它们会使段无效。

2）使用"添加或删除路径编辑器"命令后，该段将变为非活动状态。

3）段必须包含至少一个位置。

4）段中的位置必须是连续的。

在仿真路径操作时，具体步骤如下。

1）在路径编辑器树中，选择想要仿真的位置。

2）单击"路径段仿真▦"按钮，所选位置保持不变，所有其他位置都以灰色阴影显示，如图 8-6 所示。

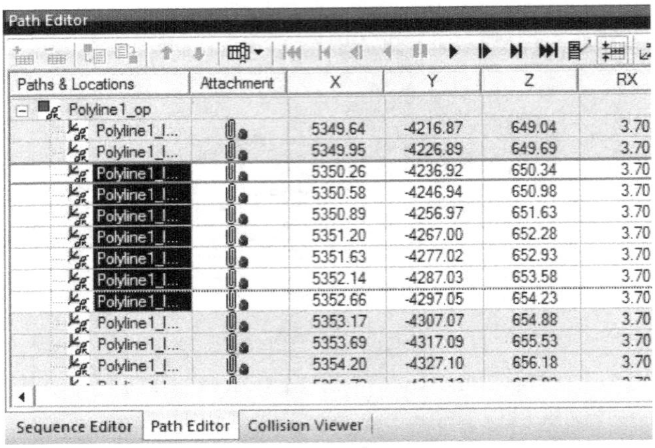

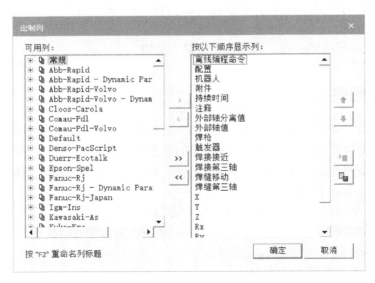

图 8-6　仿真路径段

3）运行仿真。

8.4　自定义路径表

根据自定义路径功能，可以选择在路径编辑器表格的列中显示信息的类型。具体操作步骤如下。

1）选择一个或多个操作，单击"定制列⊞"按钮，弹出"定制列"对话框，如图 8-7 所示。

图 8-7　"定制列"对话框

2）若要在右侧的"按以下顺序显示列"列表中选择要显示的列，可以执行以下任一操作。

① 从"可用列"列表中选择一个列并单击"›"按钮。

② 单击"»"按钮以选择所有可用的列。

③ 按照以下顺序在显示列中选择一列，然后单击"‹"按钮将其删除。

④ 单击"«"删除所有列。

3）如果希望将其显示在路径表中，可使用"↑"和"↓"按钮按以下顺序列表排列显示列。

4）如果希望编辑"可用列"列表中列的标题，可选择该列并按〈F2〉键，可以使列标题成为可编辑字段，编辑标题后按〈Enter〉键完成。

5）加载路径表中的现有列集。

① 单击"▷□"按钮，弹出"加载列集"对话框，如图8-8所示。

② 在"选择要加载的列集"区域中，选择希望加载的列集。

③ 选中"替换现有列集"以删除路径表中当前显示的列并只加载新列；或者选中"添加到现有列集"，以将当前显示的列保留在路径表中并添加新的列。

④ 或者，在"选择要加载的列集"区域中选择一列，然后单击"重命名"按钮以编辑其名称，或单击"删除"按钮以删除列集。

⑤ 单击"确定"按钮Process Simulate加载列集并将其显示在路径表中。

6）单击"保存🖫"按钮将以下顺序列表中的当前显示列保存为列集，以便以后可以重新加载，弹出"保存列集"对话框，如图8-9所示。输入新列集的名称，然后单击"确定"按钮。

图8-8 "加载列集"对话框

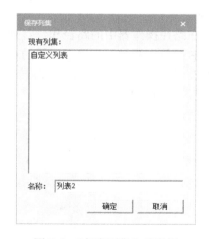

图8-9 "保存列集"对话框

7）单击"确定"按钮，关闭"定制列"对话框，所选列出现在路径编辑器表格的列中。

8.5 跳转指派的机器人

该指令可以使分配给流操作的机器人跳转到操作中的任何位置，以便调查所选位置的情况。指派的机器人是分配给所选位置的父操作的机器人，当需要将指派的机器人跳转到某个位置时，可执行以下步骤。

1）在路径编辑器中加载流操作。

2）右键单击想要跳转机器人的位置，然后选择跳转指派的机器人，如图8-10所示，完成后机器人会跳转至指定位置。

图8-10　跳转指派的机器人

8.6　跳转指派对象

"跳转指派对象"命令可以使对象流操作的对象跳转至选定的位置。在编辑路径时，使用该指令能够快速地将对象移动到需要观察的位置。执行"跳转指派对象"命令的具体操作步骤如下。

1）在路径操作器中的路径和位置列表中，选择需要跳转至指定位置的对象。

2）右键单击要跳转到选定位置的对象。

3）在显示的菜单中，选择"跳转指派对象"选项，完成后对象跳转到对象流操作的结束点位置，如图8-11所示。

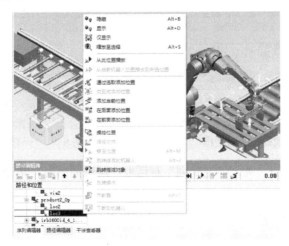

图8-11　跳转指派对象

第 9 章　序列编辑器

【本章目标】

本章主要介绍 Process Simulate 软件中的序列编辑器的认识，以及对动画播放的时序、快慢的更改，帮助读者了解操作的先后顺序。

9.1　使用序列编辑器

序列编辑器可以显示当前操作的细节，且当前操作在操作树中以粗体显示。当要将某一操作设置为当前操作时，可以通过选择"主页"→"操作"→"设置当前操作"命令将指定操作设置为当前操作；也可以在序列编辑器中选中"操作"并单击右键，在显示列表中选择"设置当前操作"选项。

序列编辑器包含三个区域，最上方为序列编辑器的工具栏，左侧为树状区域，右侧为甘特图区域，如图 9-1 所示。

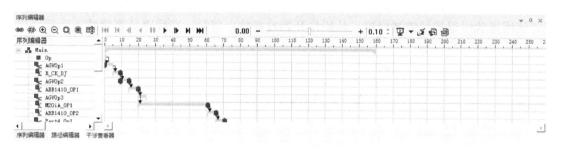

图 9-1　序列编辑器

树区显示当前操作的分层树。其中树的根部是当前操作的名称，如果操作是复合操作，则子操作显示在下面。例如，在对象流操作中，路径位置显示在操作名称下面的树中。将序列编辑器导出到 Excel 时，会导出以下列，如表 9-1、图 9-2 所示。

表 9-1　序列编辑器功能列表

列名称	描　　述
类型	显示操作的类型。它将始终在第一个位置出口
开始时间	显示操作相对于其所属复合操作的开始时间。它将在所有列后导出
持续时间	显示执行操作所需的实际时间。它将在所有列后导出

在甘特图区域显示的操作和子操作的甘特图，说明它们的关系和运行所需的时间。

当模拟一个操作时，可以看到在图形查看器中运行的操作，并且一条垂直的红色条沿着甘特图中的操作移动。在调试时，可以将垂直红色条拖动到操作中的任意点，图形查看器中的显示会相应地进行调整，以显示操作中的相同点。

	A	B	C	D
	序列编辑器	类型	持续时间	开始时间
1				
2	CompOp	PmCompoundOperation	13.55	0
3	Arc_Robotic_Op	PmContinuousFeatureOperation	7.9	0
4	Arc_Robotic_Op_1		4.06	0
5	Arc_Robotic_Op_1_ls1		2.54	0
6	Arc_Robotic_Op_1_ls2		1.52	2.54
7	Arc_Robotic_Op1	PmContinuousFeatureOperation	5.65	7.9
8	Arc_Robotic_Op1_1		3.81	0
9	Arc_Robotic_Op1_1_ls1		2.29	0
10	Arc_Robotic_Op1_1_ls2		1.52	2.29

图 9-2　当前操作的分层树

可以按照链接序列对序列编辑器区域中的对象进行排序，如链接操作中所述。在序列编辑器中，可以链接和取消链接子操作并将事件附加到操作，还可以修改显示在甘特图中的事件和操作的颜色。

如果暂停模拟并对操作进行更改，模拟将在后台快速重置并运行，直到将其暂停为止。当恢复模拟时，它会从那个时间点开始，可以使用工具栏中的任何播放前进控件恢复模拟；或者使用播放后退控件恢复模拟，从操作开始时播放。但是，在线路仿真模式下运行，仿真将始终从运行开始启动。

表 9-2 介绍了"序列编辑器"工具栏中的可用选项。

表 9-2　序列编辑器工具栏描述表

按　键	描　述
⛓	将一个子操作链接到复合操作中的另一个操作
⛓	取消链接选定的链接操作
⊕	调整甘特图中的图像以显示更短的时间段，从而可以更详细地查看操作的一部分
⊖	调整甘特图中的图像以显示更长的时间段，从而可以查看整个操作
⊡	调整甘特图中的图像以在同一视图中显示所有操作
▣	调整甘特图中的图像以显示在树区域中选择的操作
🗔	控制序列查看器树区域中列的可见性
◄◄	将图形查看器中当前操作的模拟从当前查看点跳回到操作开始
▶🕐	将图形查看器中当前操作的模拟从当前位置跳转到模拟时间线上的指定时间点。有关更多信息，请参阅 9.4 节"调整模拟时间"
◄	在图形查看器中将当前操作的模拟向后运行到操作的开头。注意：如果在"选项"对话框的"运动"选项卡中勾选"在模拟期间停止事件/位置"复选框，则模拟将反向运行，且当仿真运行到事件/位置点时，仿真停止
◄	向后逐步模拟图形查看器中的当前操作。间隔在"选项"对话框的"运动"选项卡的"模拟时间间隔"文本框中指定。注意：如果在"选项"对话框的"运动"选项卡中勾选"在模拟期间停止事件/位置"复选框，则模拟将反向运行，且当仿真运行到事件/位置点时，仿真停止

按　键	描　述
◀	向后运行图形查看器中当前操作的模拟
Ⅱ	在图形查看器中停止当前操作的模拟
▶	在图形查看器中向前运行当前操作的模拟
�Ⅱ▶	向前逐步模拟图形查看器中的当前操作。间隔在"选项"对话框的"运动"选项卡的"模拟时间间隔"文本框中指定。注意：如果在"选项"对话框的"运动"选项卡中勾选"在模拟期间停止事件/位置"复选框，则模拟将正向运行，且当仿真运行到事件/位置点时，仿真停止
▶Ⅰ	在图形查看器中运行当前操作的模拟，直到操作结束。注意：如果在"选项"对话框的"运动"选项卡中勾选"在模拟期间停止事件和位置"复选框，则模拟将正向运行，且当仿真运行到事件/位置点时，仿真停止
▶▶Ⅰ	将图形查看器中当前操作的模拟从当前查看点向前跳转到操作结束
0.10 ↕	配置并显示当前模拟时间间隔。"模拟设置"选项可以配置模拟时间间隔。 　－　━━━━━━●━━━━━　＋ 使用滑块调整模拟速率，将其设置为最右侧以最高速度运行，将其移动到中间（1:1）使模拟以其实际速度运行，并将其滑动到最左侧以最低转速运行 当前模拟时间间隔显示在按钮旁边的右侧。"模拟时间间隔"指定用于计算位置的采样间隔。更短的时间间隔可以提供更准确和更好的流动模拟；较长的时间间隔只利用较少的计算机资源，但会产生跳跃并降低模拟的查看质量
0.00	显示正在运行的模拟的经过时间
 －　━━━━━▭━━━━━　＋	当模拟播放速度快于其实际速度时，可以激活此模式以将其减慢到实际速度，实际速度定义为模拟对象的实际速度（流动操作、机器人运动等）。激活时，操作的模拟时间与实际相同。注意：如果模拟比实际慢，则此命令不会加快速度。激活此模式后，模拟时间间隔定义仍然相关，并影响碰撞检测计算
↙	当零件在模拟过程中移动时，零件上的位置也会移动，其绝对坐标也会发生变化。因此，机器人可能无法找到这些位置。激活后，自动教学功能会为模拟操作中的每个位置设置以下内容（结果仅在其中可见）：在自动示教模式下运行仿真以确定机器人最优配置后，机器人可以在非自动模式下使用该配置。在仿真过程中，机器人的绝对位置会附着在零件上；必须在自动示教模式下运行模拟以确定坐标。执行此操作后，机器人能够在不处于自动示教模式时使用坐标来查找在模拟期间移动的位置
⬒	打开动态碰撞报告
⬒	打开最小距离报告

9.2　筛选序列编辑器树

筛选序列编辑器树可以使用过滤器来选择树区域中显示的操作类型，这样可以轻松过滤大量数据，并仅查看选定类型的操作。通过筛选，可以过滤掉可能影响系统性能的数据，从而提高系统的性能。可以通过选择预定义的过滤器来选择显示或隐藏哪些级别和节点。

应用预定义的过滤器步骤如下。

1）右键单击序列编辑器树区域中的空白区域，然后选择树过滤器编辑器以显示"序列编辑器过滤器"对话框，如图9-3所示。

图 9-3　"序列编辑器过滤器"对话框

2）在"按类型"选项卡中，选择要在树中显示的操作类型和细节级别，并取消选择不想显示的操作类型和细节级别，这可以防止加载"序列编辑器"树中可能降低系统性能的不必要实体。

在"序列编辑器过滤器"对话框中选择或取消选择父节点会自动选择或取消选择该节点的所有子节点。但是，可以通过单独选择或取消选择，更改独立于父节点的子节点选择。

9.3　带线路仿真插件的序列编辑器

运行线模拟时，序列编辑器可以显示与线模拟特别相关的其他信息。当要执行此操作时，可以单击"⸺"按钮，如路径编辑器中所述。

线路仿真也称为基于事件的仿真，在此环境中，时钟显示在序列编辑器中。当进行仿真时，时钟指针会随着仿真的运行而移动，如图 9-4 所示。

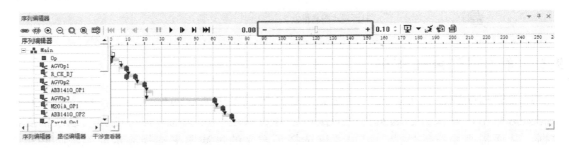

图 9-4　带线路仿真插件的序列编辑器

9.4　调整模拟时间

可以通过在进度条上指定特定时间跳转到模拟中的选定点，将模拟快速进行到时间线上的指定点。将模拟跳转到时间（仅限线路模拟模式）的步骤如下。

1）拖动图形查看器中的滑块跳转到时间模拟，如图 9-5 所示。

图 9-5　将模拟跳转到时间

2）拖动要跳转到的甘特图上的时间。

9.5　将程序下载到机器人

可以在序列编辑器中选择机器人程序，然后选择"机器人"→"程序"→"下载到机器人🖳"命令将程序下载到选定的机器人。

9.6　剪切、复制或粘贴事件

可以使用键盘命令（〈Ctrl+X〉〈Ctrl+C〉〈Ctrl+V〉）或从"主页"→"编辑"中将所有类型的事件从一个操作剪切、复制或粘贴到另一个操作。事件可以粘贴到序列编辑器中选定的操作上。如果将事件粘贴到序列编辑器树中选定的操作上，系统会在操作开始时粘贴事件。如果将事件粘贴到序列编辑器的甘特图部分，则系统会将该事件粘贴到鼠标拾取位置。可以在图形查看器中选择多个位置，然后将其拖放到序列编辑器树中操作的任何位置。

9.7　链接操作

可以在复合操作中的两个操作之间或两个顶层操作（即不属于任何复合操作的子操作）之间创建链接，以便在一个操作完成时开始下一个操作。这些操作根据其选择的顺序进行链接。要在复合操作中链接操作，必须首先将所需复合操作设置为当前操作。

执行链接操作的操作步骤如下。

1）如果在复合操作的两个子操作之间进行链接，则在操作树中选择复合操作并将其设置为当前操作，选定的复合操作及其子操作显示在序列编辑器的树区和甘特图区域中。

2）按住〈Ctrl〉键并选择第一个操作，在树区或甘特图区域中，选择第二个操作。所选操作在树区显示为粗体，在甘特图区域以蓝色突出显示（在甘特图区域选择操作时光标变为"✛"）。

3）选择"带偏置链接"或单击工具栏中的"链接🔗"按钮，当链接成功时，在甘特图区域，所选操作通过箭头指示两个操作链接的时间点。此外，也可以通过将第一个操作的甘特图区域中的操作栏拖动到第二个操作的操作栏来链接操作。

9.8　按链接重新排序

当在操作之间添加链接时，会导致操作按特定顺序进行，这不会自动更改操作树或序列编辑器中操作的显示顺序。可以根据链接顺序选择查看操作，这样可以更轻松地查看链接顺序的流程。

查看按照链接顺序排序的操作步骤如下：右键单击序列编辑器中的任何操作，然后选择"按链接重新排序"，操作根据操作树和序列编辑器中的链接顺序进行重新排序。

还可以通过在操作树或序列编辑器中将操作拖放到任意顺序来重新排序操作，这不仅是数据视图的变化，也是复合操作中操作顺序的变化。

9.9 取消链接操作

通过选择链接操作的任何一个，并单击工具栏中的"断开链接✸"按钮；或右键单击将操作链接在一起的箭头，然后选择"删除"（所选链接的箭头标记为蓝色，并且在甘特图中选择要删除的链接时光标变为"✛"）。

注意：选择删除之前，确保只选择操作中所需的链接，否则整个操作将被删除。

第10章 碰撞检查

【本章目标】

本章主要了解什么是干涉查看器（也叫碰撞查看器），如何打开干涉查看器，了解干涉查看器的基本功能以及简单地使用干涉查看器，了解干涉查看器的拓展功能。

10.1 干涉查看器

干涉查看器是规划和优化装配过程的重要工具，可以使用干涉查看器来检查装配过程中计划操作的可行性，并确保过程无干涉。例如，在组装汽车车身时，可以使用干涉查看器来回答这样的问题：装配过程中，什么时候是安装座椅的最佳时点？在规划的装配过程中，是否有足够的空间让座位进入？

可以使用"干涉查看器"来显示目标零件间的干涉集，并隐藏其他的操作。例如，要将电源安装在 PC 机箱中，可以指定检查电源与 PC 机箱之间的冲突，同时忽略硬盘与 PC 机箱之间的冲突。

当对指定操作进行仿真时，干涉查看器可以指示干涉对象的干涉曲线；也可以在"图形查看器"中将干涉以报告或以图形的方式查看，这可以在进行交互式修正并优化的过程中获得最佳结果。

在线性模拟模式下工作时，干涉查看器与零件外观的关系与它在标准模式下与零件外观的关系完全相同。例如：

1）零件外观仍然存在于干涉集中。

2）当干涉集中包含特定的外观时，它会显示为所代表的部分。系统检测与同一零件的任何其他外观的干涉。当切换回标准模式时，干涉列表将显示零件名称而不是零件外观。在标准模式下，系统检测与零件本身的干涉。

10.2 干涉查看器布局

使用干涉查看器可以定义、检测和查看当前显示在对象树中的数据的冲突，以及查看干涉报告，如图 10-1 所示。

图 10-1 干涉查看器布局

图 10-1 所示的干涉查看器由三个窗格组成。其中左侧窗格包含一个用于创建和管理干涉集的编辑器；中间窗格显示干涉结果并包含查看选项；右侧窗格显示所选干涉的干涉曲线列表。

干涉查看器的左侧窗格包含以下选项，见表 10-1。

表 10-1　干涉查看器左侧窗格选项表

按　　钮	工　　具	描　　述
✦	新建干涉集	定义一个新的干涉集；参考新的干涉集
✦	移除干涉集	删除以前创建的干涉集
✦	编辑干涉集	更改以前创建的干涉集的定义
✦	快速干涉	从所选对象快速创建干涉集。该干涉集显示在名称为 fast_collision_set 的干涉查看器的左侧窗格中。使用此选项创建的干涉集是一个自我集合，这意味着集合中的所有对象都会被检查是否相互干涉。研究中可能只存在一个快速干涉集。如果创建另一个，它会替换之前的快速干涉集。如果选定的对象仅由点云/点云图层组成，则快速干涉被禁用。如果选定的对象包括点云/点云图层和其他对象，则所有点云/点云图层均列在快速干涉窗口的左侧窗格中
🖍	突显干涉集	强调在图形查看器中以黄色、蓝色和橙色设置的选定干涉。再次单击图标恢复正常查看
☐ 所有显示对象	所有显示的对象	激活后，检查图形查看器中显示的所有对象之间的冲突。该选项忽略定义的干涉集。启用此选项可能会对系统性能产生重大影响。注意：此选项不检查点云和点云图层

当激活"突显干涉集"功能时，在"干涉集编辑器"中，左侧"检查"列表中，所选的对象显示为黄色；右侧"与"列表中，所选的对象显示为蓝色；两列表均出现的对象显示为橙色。而在所选对象发生干涉时，干涉对象将显示为红色，如图 10-2 所示。

图 10-2　突显干涉集

干涉查看器的中间窗格包含以下选项，见表 10-2。

表 10-2　干涉查看器中间窗格选项表

按　　钮	工　　具	描　　述
⊞	显示/隐藏干涉集	显示/隐藏干涉查看器的干涉集编辑窗格
↔	干涉模式打开/关闭	激活/禁用干涉模式
❄	冻结查看器	冻结干涉查看器以防止在图形查看器中移动对象时动态更新干涉报告
☷	干涉选项	设置默认的干涉选项，可参阅"干涉设置"选项卡

按　钮	工　具	描　述
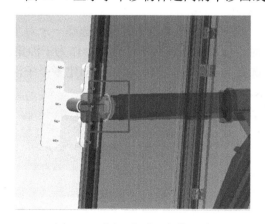（图标）	显示/隐藏干涉轮廓	切换图形显示中干涉对象的干涉曲线，曲线显示为黄色，选中时，曲线显示为绿色。还可以在"干涉曲线"窗格中右键单击曲线，然后选择"缩放到"选项以放大干涉曲线的显示。干涉曲线不一定是连续的线。它由多个段组成，当干涉物体在某些地方相互接触但不接触其他物体时，如果干涉集包含多个干涉对象，则会生成多个干涉轮廓。点云和点云层不会产生干涉轮廓
（图标）	显示干涉对	定义如何显示一对干涉对象的干涉状态。当没有选择按钮时，下拉选择被忽略。否则，应用以下选项之一： ● 颜色选择对一所选对在图形查看器中被着色。主对象节点呈红色，干涉对象呈透明蓝色。所有其他物体都是白色的 ● 仅显示所选对一所选对显示在图形查看器中。所有其他项目不显示
（图标）	导出到 Excel	将信息作为.CSV 文件保存在干涉查看器中
（图标）	显示/隐藏轮廓视图	显示/隐藏干涉查看器的"干涉曲线"窗格
（图标）	干涉深度	计算干涉物体的穿透深度，可参阅 10.4 节"计算干涉穿透"
（图标）	颜色突显干涉对象	切换干涉对象的颜色突出显示，以便清晰查看干涉对象。如果"显示干涉对"处于活动状态，此功能将在红色/透明蓝色和对象的原始颜色之间切换突出显示
（图标）	干涉结果过滤器	过滤干涉结果。选择以下选项之一： ● 仅列出干涉对（以红色突出显示） ● 列出所有对（显示单元格中所有可见对象之间的距离）

干涉查看器显示"零件"列中当前涉及干涉的所有零件以及这些零件在"与零件"列中干涉的零件。单击零件旁边的"+"图标以查看与其干涉的所有零件的列表；这些部分显示为正在查看的部分子代。选择父零件时，所有与子零件的干涉都会突出显示。

当发生干涉时，干涉查看器右侧的"干涉曲线"窗格（右侧）会显示出相应的曲线，并且在图形查看器中显示。在"干涉曲线"窗格（右侧）中可以选择在图形查看器中突出显示的曲线；也可以选择一条曲线，然后单击"（图标）"图标以在图形查看器中对其进行缩放。

图 10-3 显示了图形查看器中的干涉。

图 10-4 显示了干涉物体之间的干涉曲线。

图 10-3　图形查看器中的干涉

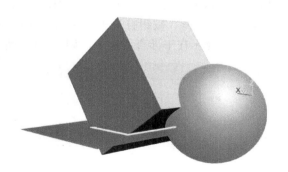

图 10-4　干涉物体之间的干涉曲线

在运行模拟时，不会显示干涉曲线，并且"显示/隐藏干涉轮廓（图标）"图标变为不活动状态。但是，当模拟完成（或暂停）时，将再次显示干涉曲线。

当使用"干涉设置"选项卡中的最低可用级别选项时，干涉查看器可以在链接和实体级别显示干涉详细信息。单击干涉查看器工具栏上的"显示/隐藏干涉轮廓 ▣"图标以打开"干涉曲线"窗格，如图 10-5 所示。

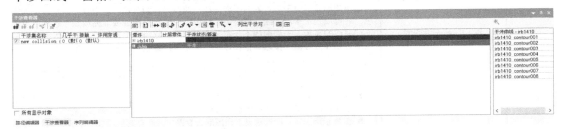

图 10-5　显示干涉曲线

10.3　新建干涉集

使用"新建干涉集"命令可以在对象树或图形查看器中选择对象，并保存这些对象用于检查干涉或近距离干涉。可以创建两种类型的干涉集。

● 干涉列表：可以检查选定对象的一个列表，以便与另一组选定对象发生冲突。

● 自我设置：检查集合中的每个对象，以便与集合中的每个其他对象进行干涉。

创建干涉集的步骤如下。

1）单击" ▦ "图标打开"干涉集编辑器"对话框，如图 10-6 所示。

2）在对象树或图形查看器中选择对象，这些对象的名称显示在"检查"区域中。

3）执行以下操作之一。

① 在创建"自我设置"时，每个对象都被检查与其他对象发生冲突，将所有对象保留在"检查"窗格中。

② 创建"干涉列表"时，选中的一个对象列表与另一个对象列表进行干涉检查，单击" > "或者" < "按钮可以在"检查"和"与"区域之间移动一个或多个对象，以设置对象进行干涉检查。接下来，在"检查"区域中选择一个对象，在"与"区域中选择一个对象，然后单击"确定"按钮，选中的两个对象作为一对干涉集被添加到干涉查看器作为干涉集。

4）单击" ▦ "按钮打开干涉模式并检查与选定的一对物体的干涉。当创建多个干涉集时，它们将显示在干涉查看器中，如图 10-7 所示。

图 10-6　"干涉集编辑器"对话框

图 10-7　干涉查看器

"几乎干涉"和"接触-许用穿透"列的值可从列表中的默认设置获取。如果愿意，也可单击列表并编辑它们，最后输入的值会覆盖默认值。

勾选想检查干涉的干涉集旁边的复选框。有关如何在模拟期间自动激活干涉集的信息，请参阅 10.4.1 节"添加激活干涉集事件"。

删除干涉集：删除以前创建的干涉集，具体步骤如下。

1）在干涉查看器中选择一个干涉集。

2）单击"🗱"按钮以删除选定的干涉集。

10.4　计算干涉穿透

干涉查看器可以计算出发生干涉的物体的穿透深度。它使用这个信息来显示一个矢量，沿着这个矢量来提取一个干涉对象来解决干涉状态。要注意的是，系统无法计算干涉状态接近错过或接触的物体的穿透深度。

计算干涉穿透深度并解决干涉的操作步骤如下。

1）在干涉查看器的"零件"列表中，选择一个干涉零件并单击"🖴"按钮，弹出"干涉深度"对话框，如图 10-8 所示。

图 10-8　"干涉深度"对话框

在"干涉对"区域中，"对象"文本框显示所选零件的名称，并且"比照对象"文本框列出与选定零件相干涉的所有零件。

在"干涉深度"对话框中的"穿透矢量"区域，"矢量"显示穿透矢量的 x、y 和 z 方向分量，"穿透深度"显示干涉物体的穿透深度，如图 10-9 所示。

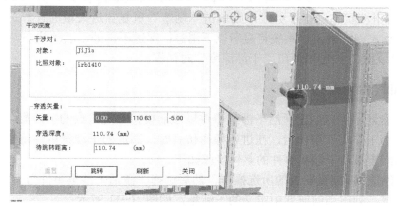

图 10-9　配置穿透矢量的颜色

当"干涉深度"对话框处于活动状态时，图形查看器将以红色显示干涉对象并以黄色显示干涉穿透矢量。矢量显示为指向移动所选干涉部分的方向的箭头，移动它可以解决干涉状态的距离。

注意：干涉深度不检查点云和点云层。

2）默认情况下，"待跳转距离"显示干涉对象的穿透深度，这是移动选定干涉部分以解决干涉状态所需的距离。在消除干涉状态时，如果希望在干涉物体之间创建额外间隙，可更改此距离。

如果有多种解决方案来解决干涉的状态，系统会选择最短的矢量。如果干涉部分与多于一个其他物体发生干涉，系统会计算出解决干涉部分与其干涉的所有物体之间干涉状态的最短矢量。

3）单击"跳转"按钮。该系统将所选干涉零件按"干涉深度"对话框的"待跳转距离"中设置的距离以及"矢量"中设置的方向移动。若干涉状态已解决，图形查看器和干涉查看器均显示新状态：无干涉，如图10-10所示。

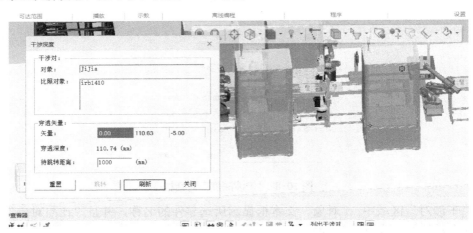

图10-10　无干涉

4）如果对解决方案不满意，可单击"重置"按钮以恢复到干涉状态。

5）如果对干涉状态进行了更改，则单击"刷新"重复穿透矢量的计算。如果所做的更改已导致冲突状态得到解决，系统将显示以下消息：穿透不再处于活动状态。

6）单击"关闭"按钮以退出"干涉深度"对话框。

10.4.1　添加激活干涉集事件

在干涉查看器中可以创建激活干涉集事件以激活模拟中选定点的干涉集。将所需的干涉集添加到"激活干涉集"事件后，在进行操作仿真时，添加的干涉集事件将在配置的时间被激活。添加和配置激活干涉集事件的具体步骤如下。

1）右键单击序列编辑器中的所选操作，然后选择"激活干涉集事件"，弹出"激活干涉集事件"对话框，列出当前研究中定义的干涉集，如图10-11所示。

图 10-11 "激活干涉集事件"对话框

2）使用对话框中心的箭头按钮，将干涉集配置为"要激活的干涉集"。激活干涉集事件发生时，此列表中的干涉集被激活。当发生激活干涉集事件时，保留在"可用干涉集"列表中的干涉集不受影响。

3）如果无法识别其名称设置的特定干涉，则选择它并单击"突显干涉集 "按钮。图形查看器中的干涉集以蓝色和黄色突出显示，再次单击图标恢复正常查看。当选择单个干涉集时，"突显干涉集"图标被激活；当选择多个干涉集时，它被禁用。

4）配置激活干涉集事件相对于任务开始或结束的开始时间，步骤如下。

① 选择开始时间值（以 s 为单位）。

② 从下拉列表中选择"任务开始后"或"结束任务之前"。

5）配置现有的激活干涉集事件，双击它即可。

6）单击"确定"按钮，激活干涉集事件（在甘特图中用红色标记指示）将在指定的时间添加到选定的操作中。可以通过在甘特图中将其拖动到左侧或右侧来更改事件发生的时间。

当"激活干涉集事件"对话框打开时，不能创建和编辑干涉集。

10.4.2 添加禁用干涉集事件

在干涉查看器中可以创建一个禁用干涉集事件，以停用仿真中选定点的干涉集。将所需的干涉集添加到事件后，禁用干涉集事件会在模拟所选操作时在配置的时间禁用干涉集。添加和配置禁用干涉集事件的具体步骤如下。

1）在操作树中右键单击所需的操作，然后选择"禁用干涉集事件"，弹出"禁用干涉集事件"对话框，列出当前研究中定义的干涉集，如图 10-12 所示。

图 10-12 "禁用干涉集事件"对话框

2）使用对话框中的箭头按钮，将干涉集配置为"要停用的干涉集"。发生禁用干涉集事件时，此列表中的干涉集将被停用。当发生停用干涉集事件时，保留在"可用干涉集"列表中的干涉集不受影响。

3）如果无法识别其名称设置的特定干涉，则选择它并单击"突显干涉集 ﹏"按钮。图形查看器中的干涉集以蓝色和黄色突出显示。再次单击图标恢复正常查看。当选择单个干涉组时，突显干涉集图标被激活；当选择多个干涉集时，它被禁用。

4）配置禁用干涉集事件相对于任务开始或结束的开始时间，步骤如下。

① 选择开始时间值（以 s 为单位）。

② 从下拉列表中选择"任务开始后"或"结束任务之前"。

5）配置现有的禁用干涉集事件，双击它即可。

6）单击"确定"按钮，由甘特图中的红色标记指示的禁用干涉集事件将在指定的时间添加到所选操作。可以通过在甘特图中将其拖动到左侧或右侧来更改事件发生的时间。

当"禁用干涉集事件"对话框打开时，无法创建和编辑干涉集。

应用提高篇

　　结合基础入门篇的内容，应用提高篇通过具体的案例来提高读者的软件操作应用能力。

　　本篇主要包括 4 个案例的讲解，分别是物体运动与机器人拾放操作、简单焊接、磨砂以及抛光，以上操作案例都是目前在自动化生产线中较为常见的应用。其中涉及 Process Simulate 软件常用的操作，如运动学定义、工具定义、安装夹具、新建操作及仿真演示等。当然，每个案例的着重点也有所不同，如简单焊接案例着重讲的是焊点与焊接路径的生成，而抛光案例则着重讲的是如何导入路径程序，并在路径编辑器中进行调整与优化等。

　　通过使用 Process Simulate 软件来实现本篇中的案例，有助于读者对本软件有更深入的理解，同时，也可帮助读者提高动手实践能力，为今后现场实际的生产线仿真奠定实践基础。

第11章　物体运动与机器人拾放操作

11.1　教学目标

1）学会如何创建对象流。
2）学会如何创建机器人夹取操作。
3）学会如何排布仿真顺序。
4）学会如何优化路径。

11.2　工作任务

1）打开模型组件。
2）安装夹具。
3）创建坐标。
4）创建对象流。
5）创建机器人夹取操作。
6）仿真时序排布。
7）路径优化。
8）离线编程指令。

11.3　实践操作

11.3.1　打开模型组件

1）在"文件"下拉列表中单击"选项"，弹出"选项"对话框，选择"断开的"选项，设置系统根目录为 F:\Exercise\Exercise_1，单击右下方"确定"按钮退出对话框，如图 11-1 所示。

2）在菜单栏中选择"文件"→"断开研究"→"以标准模式打开"命令，打开 F:\Exercise\Exercise_1\pick_place.psz 文件，如图 11-2 所示。

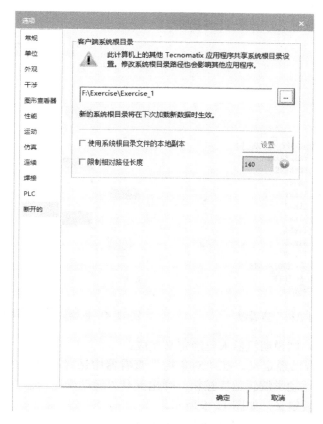

图 11-1　"选项"对话框

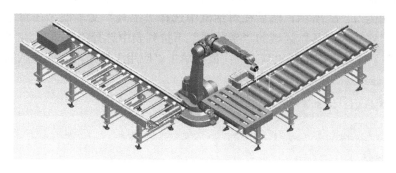

图 11-2　打开模型组件

11.3.2　安装工具

1）检查机器人是否已经定义。在"对象树"查看器中选择机器人"irb1600id_4_150__01"，或者直接在图形区中直接选择机器人，然后在菜单栏中选择"建模"→"设置建模范围"命令；接下来在"对象树"查看器中展开机器人，检查"BASEFRAME"和"TCPF"坐标是否已经创建，如图 11-3 所示，然后单击"结束建模"按钮；最后在"建模"工具栏中单击"运动学编辑器"，弹出机器人"运动学编辑器"对话框，检查机器人的运动学关系是否已经被定义，如图 11-4 所示。

图 11-3　"对象树"查看器

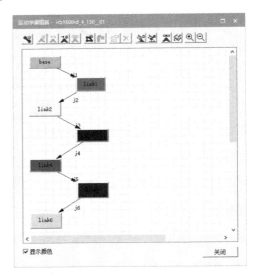

图 11-4　机器人"运动学编辑器"对话框

若满足上述条件，则说明机器人已经定义完成。

2）检查夹具是否已经定义。在"对象树"查看器中选择夹具"Gripper"，然后在"建模"菜单栏下单击"运动学编辑器"按钮，弹出夹具"运动学编辑器"对话框，检查夹具的运动学关系是否已经被定义，如图 11-5 所示。

3）安装夹具。在"对象树"查看器选择机器人，然后选择"机器人"→"工具和设备"→"安装工具"命令，或者在图形区中右键单击机器人，选择"安装工具"，弹出"安装工具"对话框，如图 11-6 所示。然后在对话框中选择"工具"文本框，在对象树中选择夹具"Gripper"；在"安装的工具"区域的"坐标系"下拉列表中选择"G_T"，在"安装工具"区域的"坐标系"下拉列表中选择"TCPF"；最后单击"应用"按钮，完成握爪的安装。

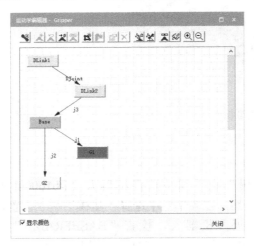

图 11-5　夹具"运动学编辑器"对话框

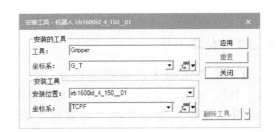

图 11-6　"安装工具"对话框

11.3.3 创建坐标

在新建对象运动操作之前，需先新建坐标系来定义物体运动以及机器人夹取与放置的位置。

1）新建零件运动的起点、终点位置坐标系。在"对象树"查看器中选择输入传送带"conveyer_in"，然后选择菜单栏中的"建模"→"设置建模范围"命令，把"conveyer_in"设置为当前操作对象；然后在"建模"菜单栏下选择"创建坐标系"→"通过 6 个值创建坐标系"命令，弹出"6 值创建坐标系"对话框，输入如图 11-7 所示的相对位置和相对方向值，完成起点位置坐标系的建立，并在对象树中将其重命名为"in_start"。

同理，终点位置的坐标系如图 11-8 所示，重命名为"in_end"。

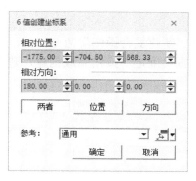

图 11-7 "in_start"坐标系   图 11-8 "in_end"坐标系

2）新建零件的放置点 place_1 和 place_2。在"对象树"查看器中选择输入传送带"conveyer_out"，然后选择菜单栏中的"建模"→"设置建模范围"命令，把"conveyer_out"设置为当前操作对象；然后在"建模"菜单栏下选择"创建坐标系"→"通过 6 个值创建坐标系"命令，弹出"6 值创建坐标系"对话框，分别输入图 11-9 中的 place_1（左图）和 place_2（右图）坐标的相对位置和相对方向值，完成 place_1 和 place_2 位置坐标系的建立，并在对象树中重命名。

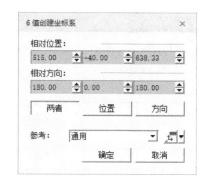

图 11-9 "place_1"坐标系（左）和"place_2"坐标系（右）

3）同理，在"conveyer_out"建模范围下，新建"out_start"和"out_end"坐标系，如图 11-10 所示。

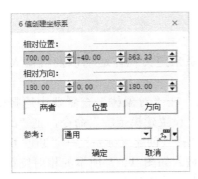

图 11-10 "out_start" 坐标系（左）和 "out_end" 坐标系（右）

11.3.4 创建对象流操作

1）在菜单栏中选择"操作"→"新建操作"→"新建复合操作"命令，弹出"新建复合操作"对话框，名字可默认（也可自定），然后单击"确定"按钮完成创建，建立一个复合操作将运动动作放在一起，如图 11-11a、b 所示。

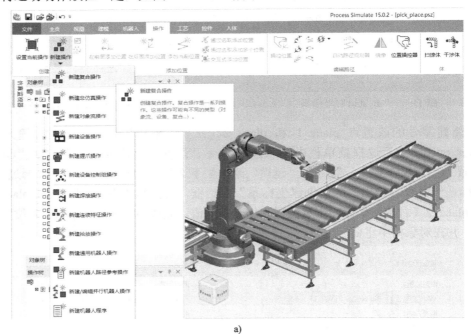

a)

b)

图 11-11 新建复合操作

a) 操作命令 b) "新建复合操作"对话框

2）选中零件"product_1"，单击鼠标右键，选择"新建对象流操作"，或者选择"操作"→"新建操作"→"新建对象流操作"命令，如图11-12所示。

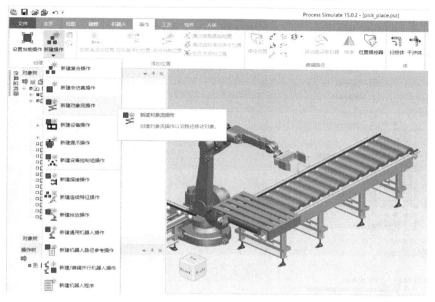

图 11-12　新建对象流操作

3）弹出"新建对象流操作"对话框，按图 11-13 所示选择合适的坐标，单击"确定"按钮完成运动的建立，如图 11-13 所示。在选择起点、终点坐标时，应在对象树中把坐标所在的目录设置为建模范围。

图 11-13　确定起始/停止路径参数

4）可以尝试进行运动模拟，在操作树中选中程序段，单击鼠标右键，选择"设置当前操作"，如图 11-14 所示。

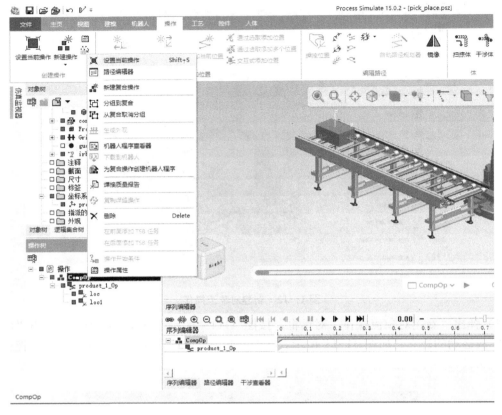

图 11-14　设置当前操作

5）在序列编辑器的菜单栏中出现程序段，可单击以下播放键观看模拟情况，如图 11-15 所示。

▶：播放。

▶｜：点动播放。

▶｜：单一工作的播放。

▶▶｜：快进至结束点。

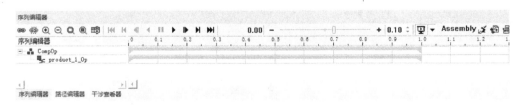

图 11-15　序列编辑器操作页面

11.3.5 创建机器人拾放操作

1）选中机器人，在菜单栏中选择"操作"→"新建操作"→"新建拾放操作"命令，如图 11-16 所示。

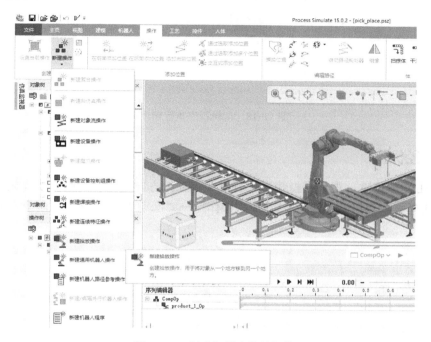

图 11-16 新建机器人拾放操作

2）在弹出的"新建拾放操作"对话框中，选择对应的工具和坐标，单击"确定"按钮完成，如图 11-17 所示。

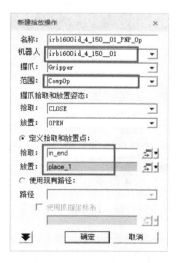

图 11-17 确定机器人拾放路径参数

11.3.6　仿真时序排布

在序列编辑器的菜单栏中可以看到两个程序。选中第一条程序，按住鼠标左键，拖动至第二条程序上，使两条程序按先后顺序排好，如图 11-18 所示。

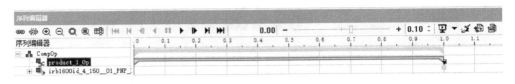

图 11-18　编辑程序执行顺序

11.3.7　路径优化

1）单击播放按键，观察模拟情况。若发现多处地方发生碰撞，就需要优化路径。可在操作树中选择路径点，在菜单栏中选择"操作"→"在前面添加位置"命令，如图 11-19 所示。

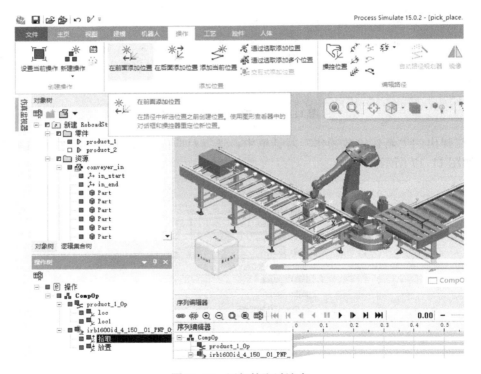

图 11-19　添加拾取过渡点

2）如图 11-20 所示，机器人夹具会运动到步骤 1）中选中的路径点，并弹出"机器人调整"对话框。在对话框的"平移"选项中选择 Z，然后单击左右箭头或输入数值调整位置，完成后单击"关闭"按钮。

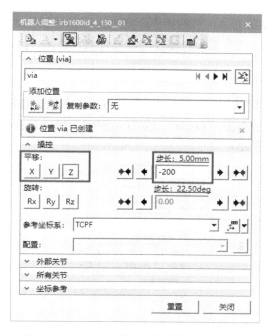

图 11-20 确定机器人拾取过渡点姿态参数

3）参考步骤 1）和 2）中的操作，在拾取点后添加一个点，放置点前后各添加一个点（添加完成后，机器人处于运动点，可以按键盘〈Home〉键或者选中机器人，右键选择"初始位置"使其回到原位）。再次进行模拟运行，观察操作。

4）按键盘〈Home〉键，将机器人返回原位，在操作树中选择最后一个坐标点，然后在菜单栏中选择"操作"→"添加当前位置"命令，如图 11-21 所示。

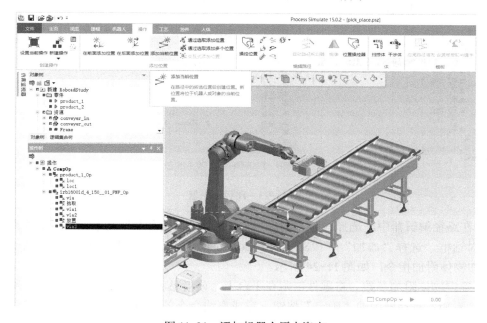

图 11-21 添加机器人原点姿态

同理，根据 11.3.4 节和 11.3.5 节的操作步骤，也可以对零件"product_2"进行设置对象流操作、机器人拾放操作，并在最后将零件的放置位置设置为"place_2"坐标系。

11.3.8 离线编程命令

1）当零件"product_1"以及"product_2"通过机器人放置在托盘"Frame"上之后，可通过新建对象流操作，使坐标系"Frame"从"out_start"坐标系移动到"out_end"坐标系，具体设置参数如图 11-22 所示。

图 11-22　"Frame"起始/停止路径参数

2）在"操作树"查看器中，将"irb1600id_4_150__01_PNP_Op"程序添加到路径编辑器中，如图 11-23 所示。

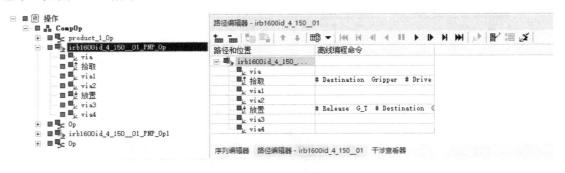

图 11-23　路径编辑器

3）在路径编辑器中，选择 via4 程序，双击"离线编程命令"文本框，弹出"离线编程命令"对话框，选择"添加"→"Standard Commands"→"PartHandling"→"Attach"命令，添加物体附加指令，如图 11-24 所示。

4）确定物体附加参数，将零件依附在平台上，或者粘在平台上，如图 11-25 所示，最后单击"附加"对话框中的"确定"按钮，完成离线命令的编辑，关闭"离线编程命令"对话框。

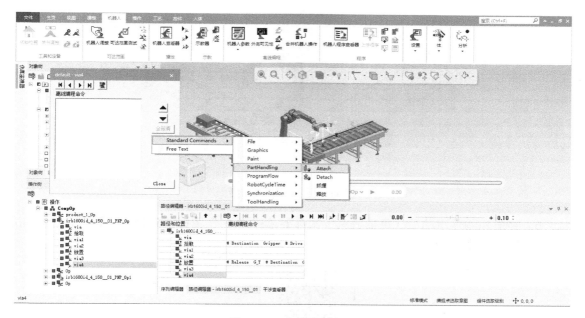

图 11-24　离线编程命令

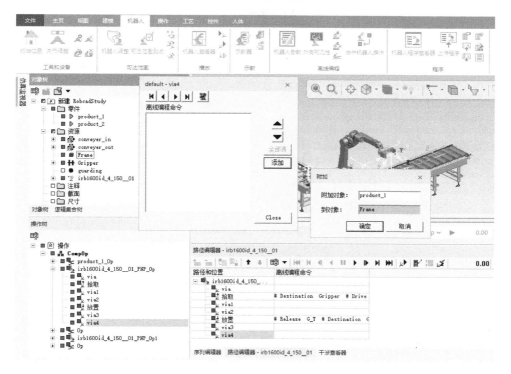

图 11-25　确定物体附加参数

5）同理，根据上述步骤完成"irb1600id_4_150__01_PNP_Op1"程序段的离线编程命令编辑。然后，再次回到序列编辑器，进行模拟。运行结果如图 11-26 所示。

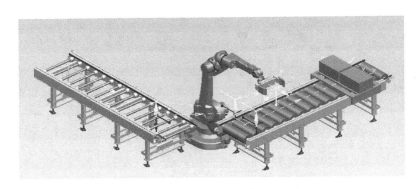

图 11-26　模拟仿真结果

6）播放完物体运动后（每播放完一次都要单击""图标回到物体初始状态），单击左上角"保存"图标保存项目。

视频 11-1　机器
人拾放操作

第12章 简单焊接

12.1 教学目标

1）学习如何创建焊枪工具。
2）学习如何定义与装夹焊枪。
3）学习如何生成焊接路径。
4）学习如何创建焊接仿真操作。
5）学习如何优化焊接仿真程序。

12.2 工作任务

1）创建焊枪工具。
2）焊枪定义与装夹。
3）生成焊接路径。
4）创建焊接仿真操作。
5）优化焊接仿真程序。

12.3 实践操作

12.3.1 创建焊枪工具

1）将系统根目录设置为 Exercise 文件夹下的 case_weld 文件夹，打开 case_weld-副本.psz 文件，如图 12-1 所示。本案例的焊接对象为零件外边框位置，如图 12-2 所示。

图 12-1 焊接

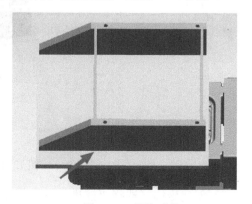

图 12-2 焊接对象

2）在对象树中选择机器人"irb1600id_4_150__01"，右键选择"初始位置"，使机器人回到初始位置。

3）新建基准坐标系，选中工具 Robacta5000_36_S（以下用"焊枪"代替），选中后该焊枪变为蓝色，如图 12-3 所示。

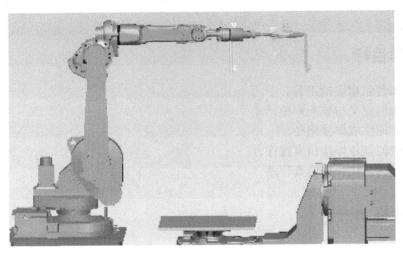

图 12-3　选中焊枪工具

4）将工具设置为可编辑状态。选择"建模"→"设置建模范围"命令，对象树中的资源图标左下角出现红色标志，表示已经进入可编辑状态，如图 12-4 所示。

图 12-4　设置建模范围

5）创建坐标（选择"建模"→"创建坐标系"→"通过 6 个值创建坐标系"命令），注意要选中工具，如图 12-5 所示。

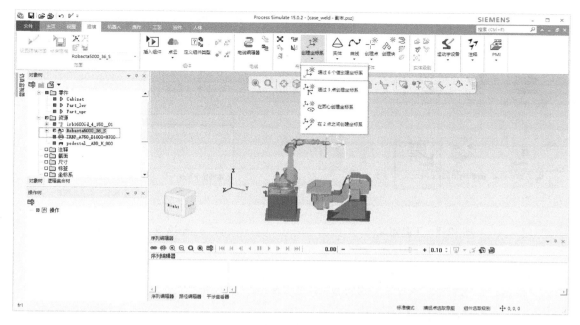

图 12-5　创建坐标

6）在弹出的"6 值创建坐标系"对话框中，输入图 12-6 中的数值，单击"确定"按钮（或者选择机器人 link6 中的 TOOLFRAME 坐标）。

7）在对象树中展开资源，可以发现多出一个名为 fr1 的坐标，将坐标更名为 G_B（可选中坐标，按〈F2〉键修改名称），如图 12-7 所示。

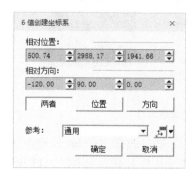

图 12-6　确定坐标参数

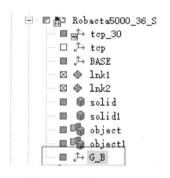

图 12-7　坐标系更名

12.3.2　焊枪定义与装夹

1）选中"焊枪"工具，在菜单栏中选择"建模"→"运动学设备"→"工具定义"命令，如图 12-8 所示。

2）定义焊枪属性，如图 12-9 所示。

3）选中机器人"irb1600id_4_150__01"，然后单击鼠标右键，选择"安装工具"，如图 12-10 所示。

图 12-8　工具定义

图 12-9　定义焊枪属性

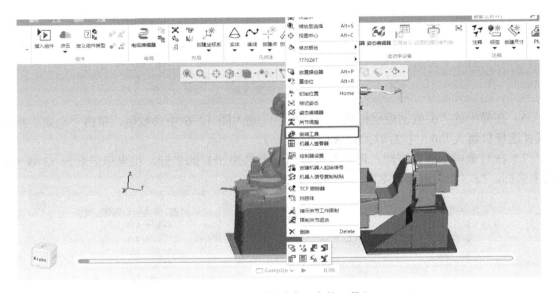

图 12-10　找到并选中"安装工具"

4）出现"安装工具"对话框后，在"工具"选项中选择"Robacta5000_36_S"焊枪，"坐标系"选项中选择"G-B"。选择完成后，单击"应用"按钮，如图 12-11 所示。

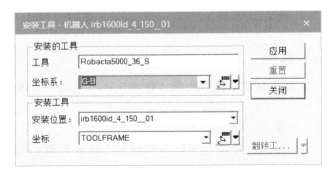

图 12-11　确定工具安装参数

5）检验是否已经连接上，选中机器人，单击鼠标右键，选择"机器人调整"，如图 12-12 所示。

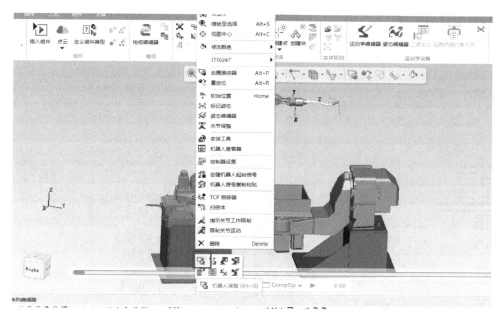

图 12-12　找到"机器人调整"

6）随意拉动出现的坐标，观察工具是否随着机器人一起运动。检验完成后，可以单击"重置"按钮复位，如图 12-13 所示。

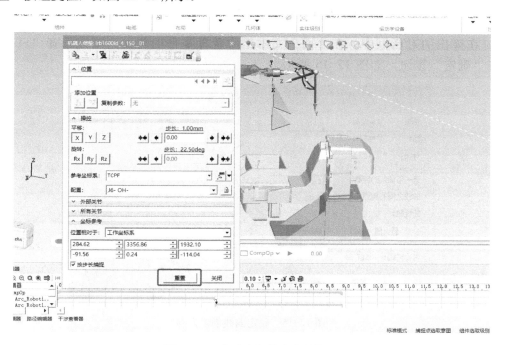

图 12-13　拖动坐标检查安装情况

12.3.3 生成焊接路径

1）绘制焊接曲线，选中零件"Part_upr"，将工具设置为可编辑状态，选择"建模"→"设置建模范围"命令。然后选择菜单栏中的"建模"→"创建等参数曲线"命令，如图 12-14 所示。

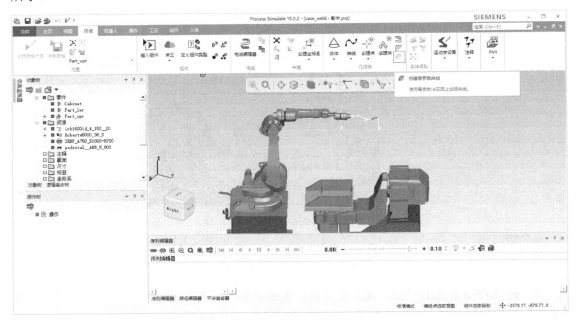

图 12-14　找到"创建等参数曲线"命令

2）在弹出的对话框中，在"面"文本框中选择零件的侧面，方向选择"-U"，然后单击"确定"按钮，如图 12-15 所示。

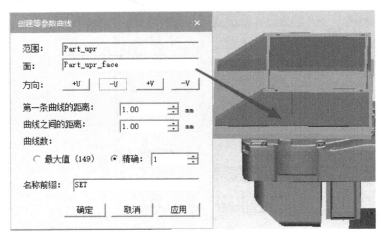

图 12-15　确定曲线创建方向

3）在对象树中的零件目录下出现了一条新曲线，如图 12-16 所示。

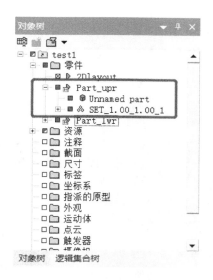

图 12-16 曲线创建结果

4）默认状态下，曲线会向上偏置 1mm，所以需要调整曲线位置。选中曲线，然后使用"放置操控器"功能，将曲线向下移动 1mm，如图 12-17 所示。

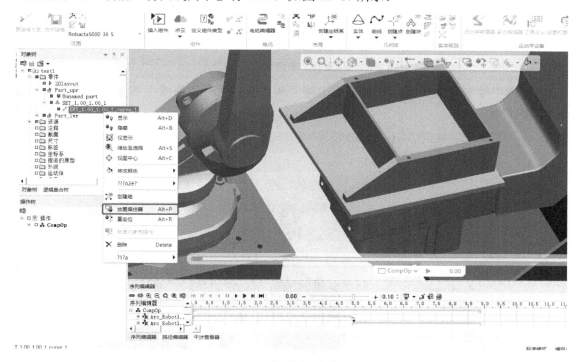

图 12-17 调整曲线位置

12.3.4 创建焊接仿真操作

1）新建复合操作。将绘制的曲线转变为机器人程序，在操作树中新建一个程序组（复合操作名称可自定），如图 12-18 所示。

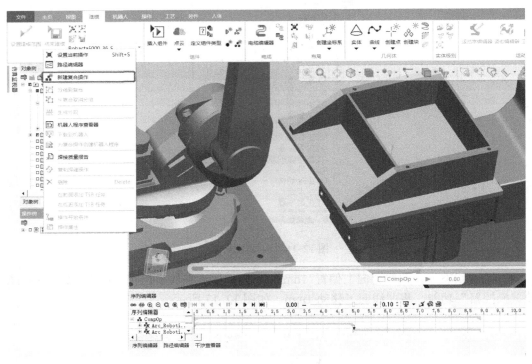

图 12-18　新建复合操作

2）选中绘制好的曲线，在菜单栏选择"新建操作"→"连续工艺生成器"命令，如图 12-19 所示。

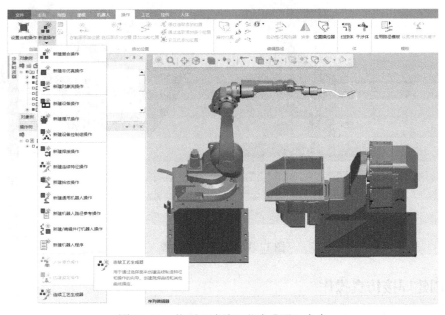

图 12-19　找到"连续工艺生成器"命令

3）在弹出的"连续工艺生成器"对话框中选择图 12-20 所示内容，然后单击"确定"按钮，确定焊接路径。

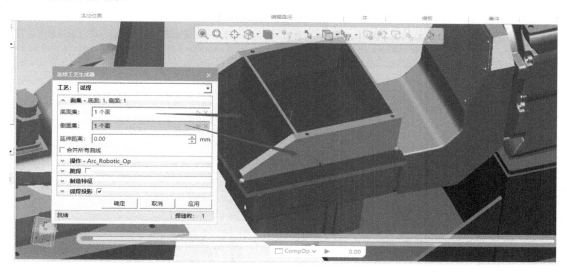

图 12-20　确定焊接路径

4）在操作树中出现一个程序组，选择程序组，然后选择"工艺"→"弧焊"→"投影弧焊焊缝"命令，如图 12-21 所示。

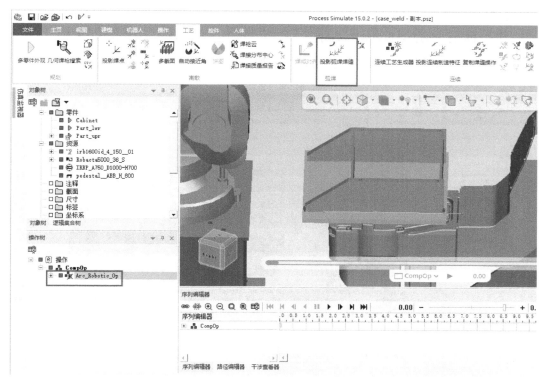

图 12-21　选中程序组打开"投影弧焊焊缝"

5）弹出"投影弧焊焊缝"对话框，不需要调整参数，直接单击"项目"按钮即可，如图 12-22 所示。然后弹出"警告"对话框，单击"确定"按钮，如图 12-23 所示。最后关闭"投影制造特征"对话框。

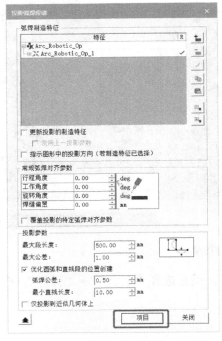

图 12-22 "投影弧焊焊缝"对话框　　　　　　　图 12-23 "警告"对话框

6）将程序放入路径编辑器中，进行模拟，如图 12-24 所示。

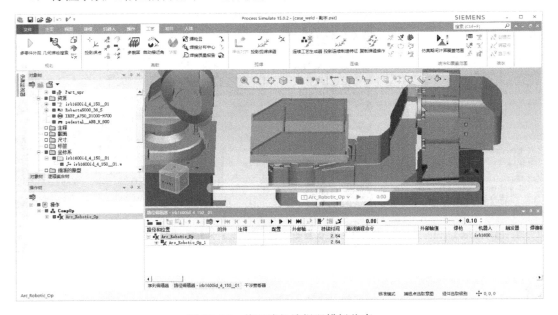

图 12-24 使用路径编辑器模拟仿真

12.3.5　优化焊接仿真程序

1）运行后，如果发现机器人的姿态不舒服，则需要调整机器人的姿态。在操作树选中程序 Arc_Robotic_Op_1，在菜单栏中选择"工艺"→"焊炬对齐"命令，如图 12-25 所示。

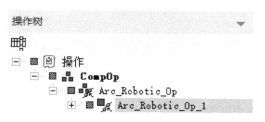

图 12-25　选中程序段打开焊炬对齐

2）弹出"焊炬对齐"对话框，对应现时机器人的姿态，先单击"跟随模式"，然后调整 X 轴、Y 轴方向，即调整"工作角度"和"旋转角度"，如图 12-26 所示。

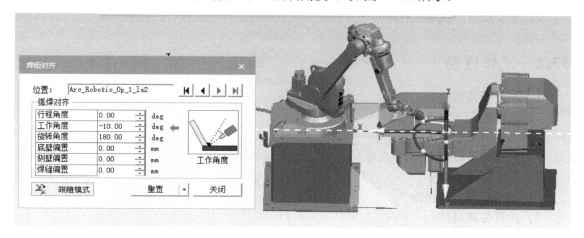

图 12-26　调整机器人焊接姿态

3）继续调整第二个点，单击移动至下一个点，输入与第一点相同的变化数值，然后单击"关闭"按钮结束。再次进行模拟，检查程序，为了使机器人运行更加安全，在焊接程序前后添加中间路径点。

4）重复上述操作，将另一侧的焊接程序做完，并将两条焊接程序链接起来。

5）播放完物体运动后（每播放完一次都要单击" ⏮ "图标回到物体初始状态），单击左上角" 💾 "图标保存项目。

视频 12-1　简单焊接

第13章　磨　　砂

13.1　教学目标

　　1）学会如何创建显示事件。
　　2）学会如何创建对象流操作。
　　3）学会如何创建设备操作。
　　4）学会如何创建机器夹取操作。
　　5）学会如何设置位置属性。
　　6）学会如何设置机器人路径点参数。
　　7）学会如何对机器人程序示教。

13.2　工作任务

　　1）打开模型组件。
　　2）机器人定义和夹具装夹。
　　3）创建显示事件。
　　4）新建设备操作。
　　5）新建对象流操作。
　　6）新建机器人拾取操作。
　　7）设置位置属性。
　　8）新建磨砂操作。
　　9）新建机器人放置操作。
　　10）创建成品输送操作。
　　11）模拟仿真。

13.3　实践操作

13.3.1　打开模型组件

　　1）设置模型路径（选择"文件"→"选项"命令或者按〈F6〉快捷键），如图 13-1 所示。

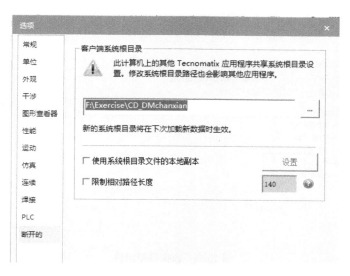

图 13-1　设置模型路径

2）打开模型组件（选择"文件"→"断开研究"→"以标准模式打开"命令），如图 13-2 所示。

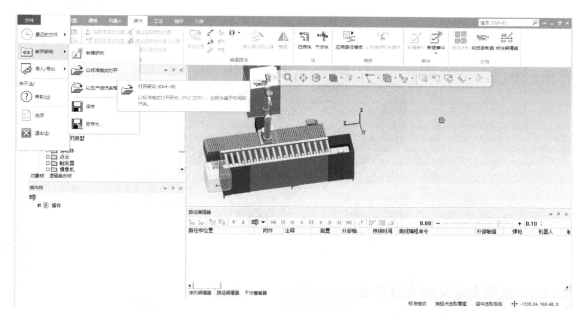

图 13-2　打开模型组件

3）在弹出的"打开"对话框中，选择"DAMO"文件，单击"打开"按钮，如图 13-3 所示。

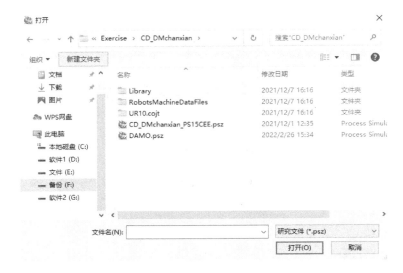

图 13-3　选择模型组件

4）打开"DAMO"文件，如图 13-4 所示。

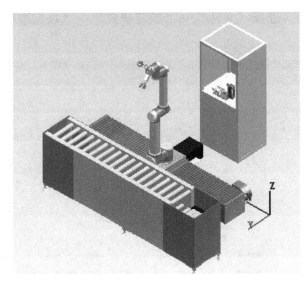

图 13-4　模型文件

13.3.2　机器人定义和夹具装夹

1）检查机器人是否已经定义。在"对象树"查看器中选择机器人"UR10"，或者直接在图形区中直接选择机器人，然后在菜单栏中选择"建模"→"设置建模范围"命令；接下来在"对象树"查看器中展开机器人，检查"BASEFRAME"和"TCPF"坐标是否已经创建，如图 13-5 所示，然后单击"结束建模"；最后在"建模"的工具栏中单击"运动学编辑器"，弹出"运动学编辑器"对话框，检查机器人的运动学关系是否已经被定义，如图 13-6 所示。

图 13-5 "对象树"查看器

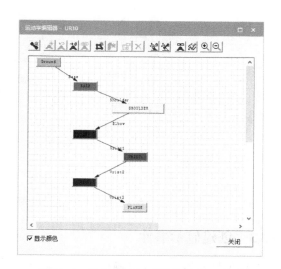

图 13-6 机器人"运动学编辑器"对话框

若满足上述条件，则说明机器人已经定义完成。

2）检查夹具是否已经定义。在"对象树"查看器中选择夹具"Gripper1"，然后在"建模"菜单栏中单击"运动学编辑器"按钮，弹出"运动学编辑器"对话框，检查夹具的运动学关系是否已经定义，如图 13-7 所示。

3）检查是否连接联动，选择机器人，单击鼠标右键，选择"机器人调整"，可对机器人进行调整，如图 13-8 所示。

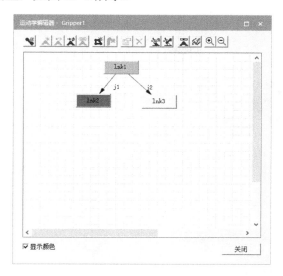

图 13-7 夹具"运动学编辑器"对话框

图 13-8 机器人调整

4）单击"机器人调整"图标后，弹出"机器人调整"对话框，可以拖动图形查看器中的坐标检查连接联动，检查完成后可单击"重置"按钮回到初始状态，如图 13-9 所示。

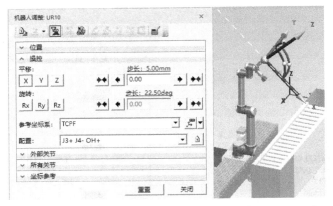

图 13-9　拖动坐标系检查工件安装情况

13.3.3　创建显示事件

1）在菜单栏中选择"操作"→"新建操作"→"新建复合操作"命令，弹出"新建复合操作"对话框，名字可默认（也可自定），然后单击"确定"按钮完成创建，建立一个复合操作将运动动作放在一起，如图 13-10a、b 所示。

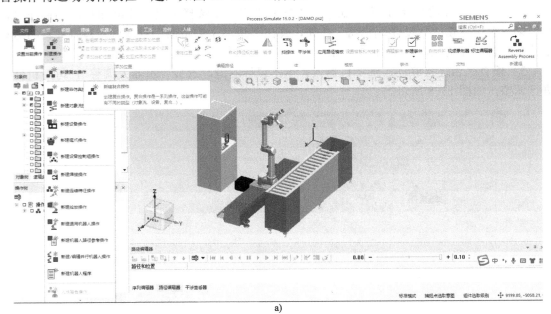

a)

b)

图 13-10　新建复合操作

a) 操作命令　b) "新建复合操作"对话框

2）在操作树中选择 1）中新建的复合操作，在"CompOp"复合操作目录下新建子复合操作，范围为"CompOp"，如图 13-11 所示。

3）设置操作范围。在操作树中，选择"CompOp"操作，右键选择"设置当前操作"，或者按〈Shift+S〉快捷键，如图 13-12 所示。

4）新建显示事件。在操作树中选择"CompOp1"操作，选择"操作"→"事件"→"新建事件"→"显示事件"命令，弹出"显示"对话框。在对话框中，选择对象树零件下拉列表中的"Part3""Part3_TuoPan"零件，如图 13-13 所示。最后单击"确定"按钮，设置完成。

图 13-11　新建子复合操作

图 13-12　设置当前操作

图 13-13　新建显示事件

13.3.4　新建设备操作

1）在对象树中选中"Conveyer1"，选择"操作"→"新建操作"→"新建设备操作"命令，如图 13-14 所示。

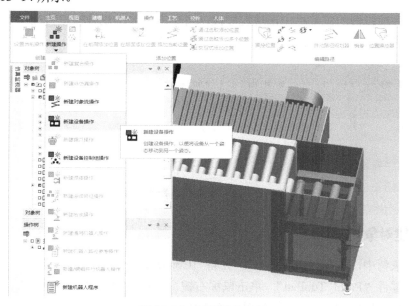

图 13-14　新建设备操作

2）弹出"新建设备操作"对话框，具体参数设置如图 13-15 所示，单击"确定"按钮完成运动的建立。

3）新建附加事件。在对象树中选中"Conveyer1"，选择"建模"→"设置建模范围"，设置"Conveyer1"为当前建模范围。然后在操作树中选择"Conveyer1_Op"操作，再单击菜单栏中的"操作"→"新建事件"→"附加事件"，弹出"附加事件"对话框，对象选择"Part3""Part3_TuoPan"零件，"到对象"选择"Conveyer1"中的"lnk2"，其他参数如图 13-16 所示。

图 13-15 "新建设备操作"对话框

4）新建拆离事件。同步骤 3），创建拆离事件，具体参数如图 13-17 所示。

图 13-16 新建附加事件

图 13-17 新建拆离事件

5）在序列编辑器的菜单栏中出现程序段，可单击播放键观看模拟情况，如图 13-18 所示。设置操作完成后，可单击"结束建模"结束该建模范围。

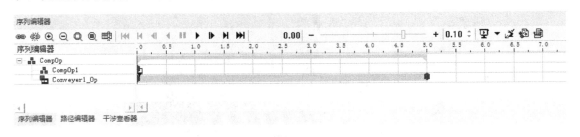

图 13-18 序列编辑器操作页面

13.3.5 新建对象流操作

1）在对象树中，选择"Conveyer"，并将"Conveyer"设置为建模范围。

2）选中零件"Part3_TuoPan"，单击鼠标右键，选择"新建对象流操作"，或者单击菜单栏"操作"→"新建操作"→"新建对象流操作"，新建一个对象流操作，具体参数设置如

图 13-19 所示。其中起点、终点、抓握坐标系分别选择对象树"Conveyer"中的"fr1""fr4"及"fr1"。

3）添加附加事件。在操作树中选择新建的对象流操作，在操作任务开始后，将"part3"零件附加到"Part3_TuoPan"中。

4）添加拆离事件。在操作树中选择新建的对象流操作，在操作任务结束前，将"part3"零件从"Part3_TuoPan"中拆离。

5）可以在操作树中将程序添加到序列编辑器，将多个操作链接后，可单击播放键观看模拟情况。

注意： 在新建完成此对象流操作之后，可再新建设备操作，将"Conveyer1"传送带中的顶升轨道回到初始点，具体操作可参考 13.3.4 节。

图 13-19 确定起始/停止路径参数

13.3.6 新建机器人拾放操作

1）选中机器人"UR10"，单击菜单栏"操作"→"新建操作"→"新建机器人拾放操作"。

2）在弹出的"新建拾放操作"对话框中，选择对应的工具和坐标，其中拾取点的坐标是通过选择对象树"Conveyer"中的"Part3_J"来实现的。最后单击"确定"按钮完成，如图 13-20 所示。

3）优化操作路径。在机器人实现拾放操作时，可以在拾取点的前面和后面添加位置来实现路径优化，可参考 11.3.7 节内容进行设置。

13.3.7 设置位置属性

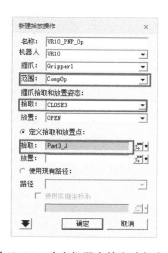

图 13-20 确定机器人拾取路径参数

1）拾取工件并回到初始位置。选择机器人，右键选择"初始位置"图标，机器人回到初始位置。然后选择"UR10_PNP_Op"操作，单击"操作"→"添加位置"→"添加当前位置"，完成机器人拾取工件并回到初始位置操作，如图 13-21 中的"via2"程序所示，但此时进行模拟仿真，机器人不会回到初始位置。

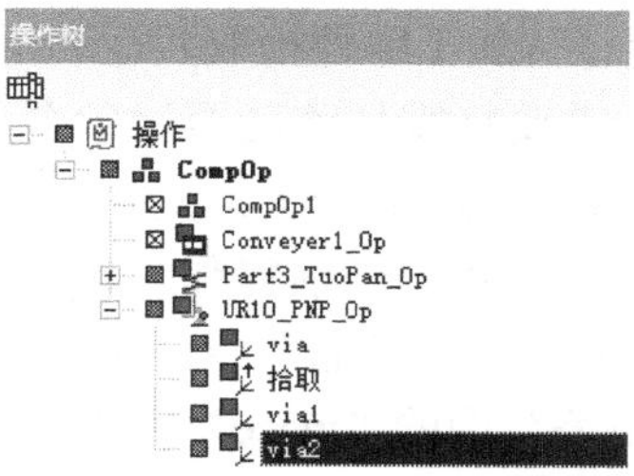

图 13-21 回到初始位置

2）在操作树中，选择"UR10_PNP_Op"程序，将其添加到路径编辑器中，如图 13-22 所示。

图 13-22　添加到路径编辑器

3）选择"via2"程序，单击路径编辑器工具栏中的"设置位置属性 "按钮，弹出"设置位置属性"对话框。在该对话框的"公共属性"区域中，选择"Motion Type"属性，其值设置为"PTP_AXIS HOME"，如图 13-23 所示。设置完成后，单击"关闭"按钮。

图 13-23　设置位置属性

13.3.8　新建磨砂操作程序

在 13.3.6 节中机器人已实现将待加工零件拾取并运动至机器人初始位置，当执行抛光操作时，机器人夹具拾取零件后，需要将零件移动至磨砂台处进行打磨抛光。当打磨完成之后，将零件放回至传送带上的托盘中，具体操作步骤如下。

1）在操作树中将"CompOp"设置为当前操作，选择"UR10_PNP_Op"中的"via2"程序，单击菜单栏中的"操作"→"添加位置"→"通过选取添加多个位置"，如图 13-24 所示。然后依次选择对象树"坐标系"中的"place1""place2"及"place3"坐标，如图 13-25 所示，从而实现打磨操作，所添加的操作如图 13-26 所示。

图 13-24　通过选取添加多个位置

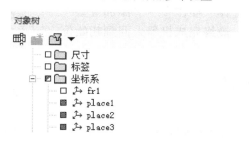

图 13-25　坐标系

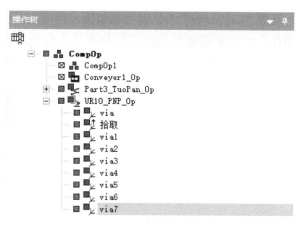

图 13-26　添加的操作

2）优化操作路径。当机器人拾取零件移动至磨砂台时，为了避免与磨砂台设备外壳发生碰撞，可以在机器人接近磨砂台和离开磨砂台时，进行添加路径点来避免发生碰撞。

3）回到机器人初始位置。

13.3.9　新建机器人放置操作

1）选中机器人"UR10"，选择"操作"→"新建操作"→"新建机器人拾放操作"命令。

2）在弹出的"新建机器人拾放操作"对话框中，操作名称可以自定义，"机器人"通过在对象树中选择"UR10"来实现，"范围"则是通过选择操作树中的"CompOp"来实现的，其中放置点的坐标是通过选择对象树"Conveyer"中的"Part3_J"来实现的。最后单击"确定"按钮完成，如图 13-27 所示。

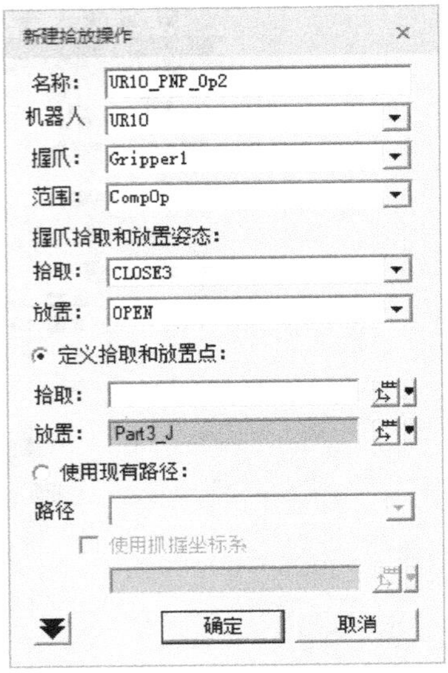

3）优化操作路径。在机器人实现拾放操作时，可以在拾取点的前面添加位置和拾取点后面添加位置来实现路径优化，可参考 11.3.7 节中进行设置。

4）机器人回到初始位置。选择机器人，右键单击"初始位置"图标，此时机器人回到原点。但并没有在操作数中添加当前的姿态。选择"操作"→"添加位置"→"添加当前位置"命令，最终完成机器人回到初始位置的操作的建立。

13.3.10　创建成品输送操作

（1）新建设备操作

1）在对象树中选中"Conveyer"，将其设置为当前建模范围。选择"操作"→"新建操作"→"新建设备操作"命令，弹出"新建设备操作"对话框，具体参数设置如图 13-28 所示，单击"确定"按钮完成运动的建立。

2）新建附加事件。设置"Conveyer"为当前建模范围。然后在操作树中选择"Conveyer_Op"操作，再选择"操作"→"新建事件"→"附加事件"命令，弹出"附加事件"对话框，对象选择"Part3""Part3_TuoPan"零件，"到对象"选择"Conveyer"中的"lnk2"，其他参数如图 13-29 所示。

图 13-27　确定机器人放置路径参数

图 13-28　新建设备操作

图 13-29　新建附加事件

3）新建拆离事件。同步骤 2），创建拆离事件，具体参数如图 13-30 所示。

（2）新建对象流操作

1）选择"Part3_TuoPan"托盘，右键选择"新建对象流操作"，弹出"对象流操作"对话框，具体设置参数如图 13-31 所示。其中起点、终点、抓握坐标系分别选择对象树

"Conveyer"中的"fr5""fr8"及"fr5"。

图 13-30 新建拆离事件

图 13-31 新建对象流操作

2）新建附件事件，将"Part3"附加至"Part3_TuoPan"托盘上。

3）新建拆离事件，将"Part3"从"Part3_TuoPan"拆离。

（3）新建设备操作

该操作目的是使得"Conveyer"传送带回到初始位置，具体操作可参考 13.3.9 节中 1）所示，这里不再赘述。

13.3.11　模拟仿真

1）仿真时序排布。在完成新建操作之后，可在操作树以及序列编辑器中看见多个子操作，如图 13-32 所示。在序列编辑器中可以对个操作进行排序以及链接。

图 13-32　编辑程序执行顺序

2）当完成排序以及程序链接之后，即可在序列编辑器中单击"▶"按钮进行仿真演示，如图 13-33 所示。

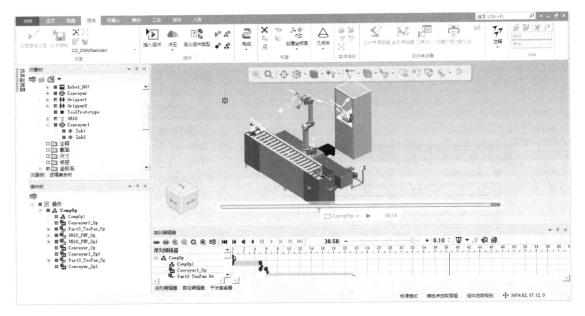

图 13-33　仿真演示

3）播放完物体运动后（每播放完一次都要单击"  "图标回到物体初始状态），单击左上角" "图标保存项目。

视频 13-1　磨砂

第14章 抛 光

14.1 教学目标

1）如何定义砂轮机加工坐标。
2）巩固如何导入 NC 程序。
3）学会如何设置外部 TCP。
4）学会如何设置机器人控制器。
5）学会如何设置机器人路径点参数。
6）学会如何对机器人程序示教。
7）学会如何下载机器人程序。

14.2 工作任务

1）导入文件。
2）工件装夹。
3）砂轮机定义。
4）导入 NC 程序。
5）设置外部 TCP。
6）模拟仿真。
7）优化程序路径。
8）设置机器人控制器。
9）设置位置属性。
10）对机器人程序示教。
11）下载机器人程序。

14.3 实践操作

14.3.1 导入文件

1）设置模型路径为 F:\Exercise\Polish-4，选择"文件"→"选项"命令或者按〈F6〉快捷键进行操作，如图 14-1 所示。

2）创建一个新的项目。选择"文件"→"断开研究"→"新建研究"命令，如图 14-2 所示。

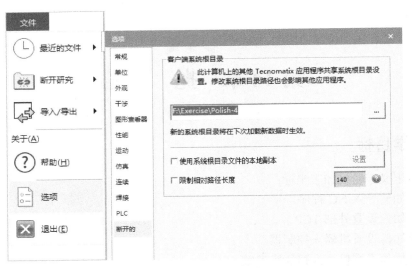

图 14-1　设置模型路径

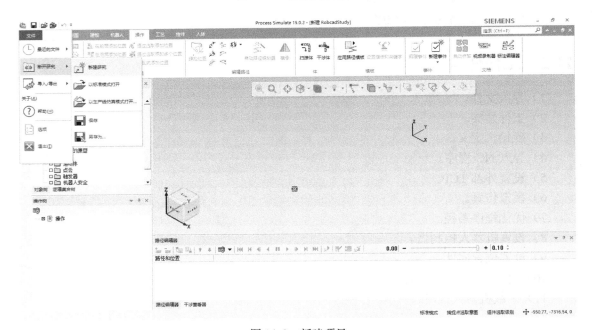

图 14-2　新建项目

3）在弹出的"新建研究"对话框中，单击"创建"按钮，如图 14-3 所示。

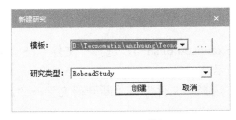

图 14-3　确定模板

4）在菜单栏中选择"建模"→"插入组件"命令，插入 3D_Model.cojt 组件，如图 14-4 所示。

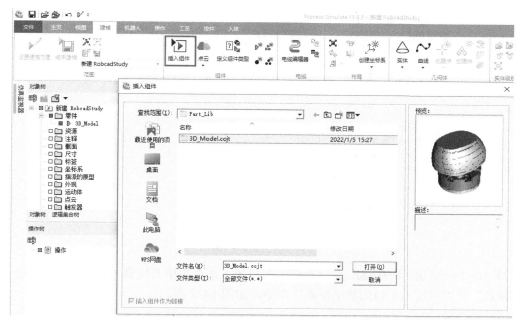

图 14-4　插入 cojt 组件（1）

5）根据上述方法，再将文件 kr6_r900sixx.cojt、Table.cojt、TOOL.cojt 分别导入研究中，如图 14-5 所示。

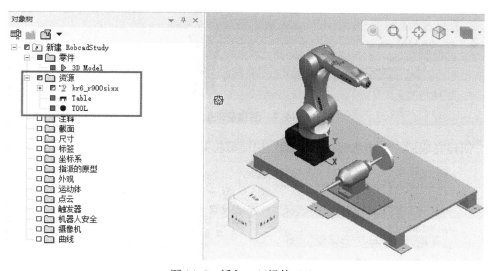

图 14-5　插入 cojt 组件（2）

14.3.2　工件装夹

1）将 3D_Model 零件连接至机器人，在对象树或图像查看器中选中 3D_Model 并选择菜单栏中的"建模"→"设置建模范围"命令，3D_Model 显示为红色标记，表示已进入可编辑状态，如图 14-6 所示。

图 14-6　选中工件设置建模范围

2）3D_Model 的 P-BASE 坐标设定，即机器人法兰盘中心位置，选择"建模"→"创建坐标系"→"通过 6 个值创建坐标系"命令，如图 14-7 所示。

图 14-7　创建基础坐标系

3）创建完成后，单击坐标，按〈F2〉快捷键将其更名为"P-BASE"，如图 14-8 所示。

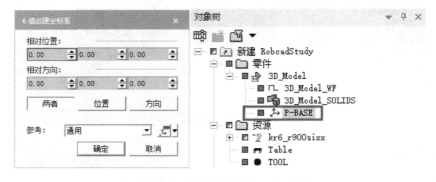

图 14-8　坐标系更名为 P-BASE

4）3D_Model 移至法兰盘中心。选择 3D_Model，单击鼠标右键，选择"重定位"，选择"从坐标""到坐标系"，单击"应用"按钮，重定位移动工件至机器人末端法兰，如图 14-9 所示。

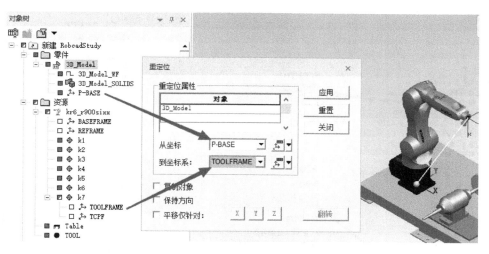

图 14-9 重定位移动工件至机器人末端法兰

5）将 3D_Model 连接至机器人，选择"3D_Model"→"主页"→"工具"→"附件"→"附加"命令，打开附加指令，如图 14-10 所示。

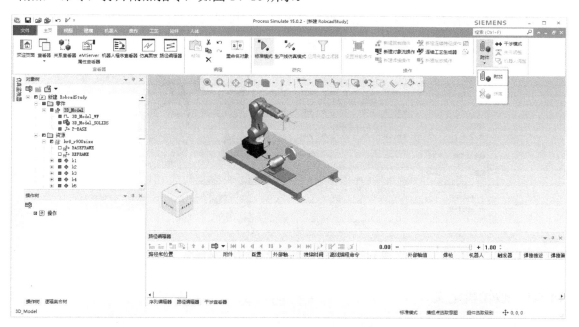

图 14-10 打开附加指令

6）在弹出的"附加"对话框中，选择"附加对象"为"3D_Model"，选择"到对象"为机器人中的"TOOLFRAME"坐标，附加工件至机器人末端法兰，如图 14-11 所示。

7）检查是否连接联动，选择机器人，单击鼠标右键，选择"机器人调整"，可对机器人进行调整，如图 14-12 所示。

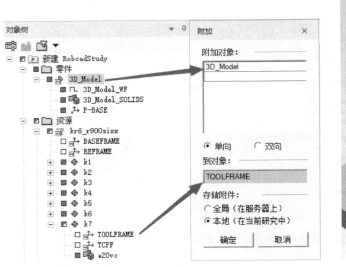

图 14-11 附加工件至机器人末端法兰

图 14-12 选中机器人进行调整

8）拖动坐标检查连接联动，然后单击"重置"按钮回到初始位置，如图 14-13 所示。

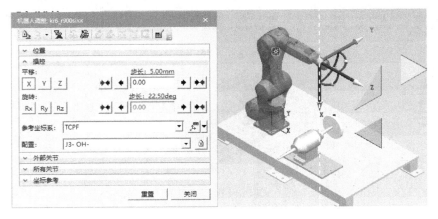

图 14-13 拖动坐标系检查工件安装情况

14.3.3 砂轮机定义

1）将对象树的资源中的 TOOL 设为编辑状态，选择"TOOL"→"建模"→"设置建模范围"命令。然后在 TOOL 中添加坐标，选择"TOOL"→"建模"→"创建坐标系"→"通过 6 个值创建坐标系"命令，并更名为 T-BASE，如图 14-14 所示。

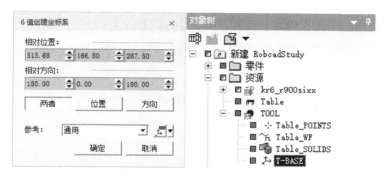

图 14-14　创建基准坐标系 T-BASE

2）重复第 1）步操作，建立 ETCP 坐标（External TCP），如图 14-15 所示。

图 14-15　创建 ETCP 坐标系

3）工具定义。在对象树中选择"TOOL"→"建模"→"工具定义"命令，如图 14-16 所示。

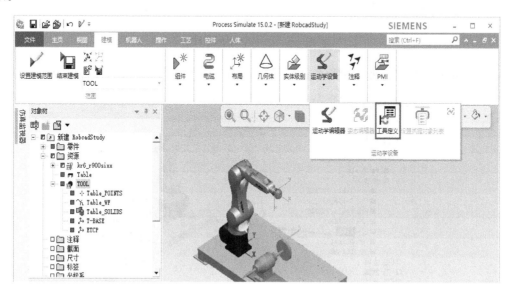

图 14-16　工具定义

4）弹出对话框，单击"确定"按钮，如图14-17所示。

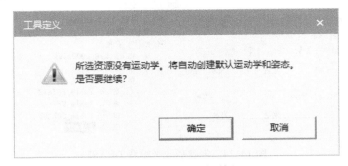

图14-17 弹出对话框

5）弹出"工具定义"对话框，选择"TCP 坐标"为"ETCP"，选择"基准坐标"为"T-BASE"，如图14-18所示。

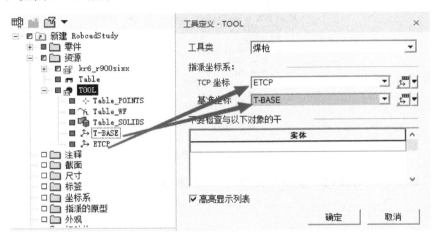

图14-18 定义工具属性参数

6）TOOL ETCP 坐标变成带绿色钥匙显示，则工具定义成功，如图14-19所示。

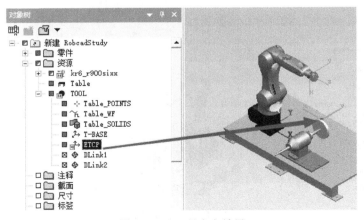

图14-19 工具定义结果

14.3.4 导入 NC 程序

1）添加 CLS 命令，菜单栏空白处单击右键，选择"定制功能区"，如图 14-20 所示。

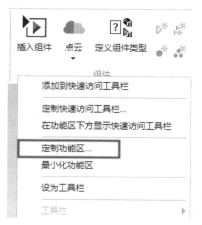

图 14-20 定制功能区

2）弹出"定制"对话框，参照图 14-21 所示进行操作。

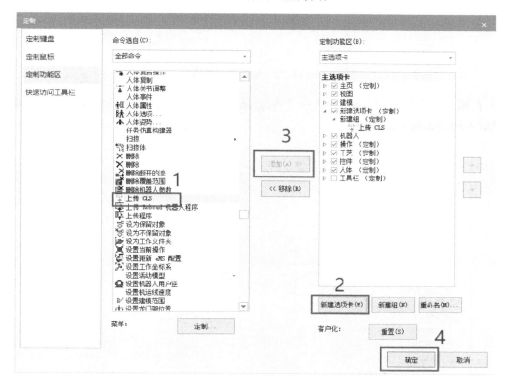

图 14-21 在"新建选项卡"中添加选项

3）导入 CLS，选中机器人，选择"新建选项卡"→"上传 CLS"命令，接下来操作如图 14-22 所示，完成后单击"上传"按钮。

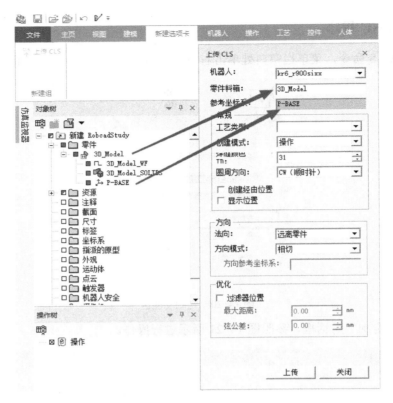

图 14-22　定义坐标参数

4）在根目录下选择"Polish-4"→"Program_Lib"→"Mold_insert.cls",如图 14-23 所示,最后关闭"上传 CLS"对话框。

图 14-23　打开 Mold_insert.cls 文件

14.3.5　外部 TCP

1）设定程序外部 TCP（External TCP），在操作树下，选择"VARIABLE_CONTOUR"，鼠标右键选择"操作属性"，如图 14-24 所示。

图 14-24　选择"操作属性"

2）弹出"属性"对话框，在"工艺"选项卡下，机器人选择"kr6_r900sixx"，工具选择"TOOL"，勾选"外部 TCP"，如图 14-25 所示。最后单击"确定"按钮完成设置。

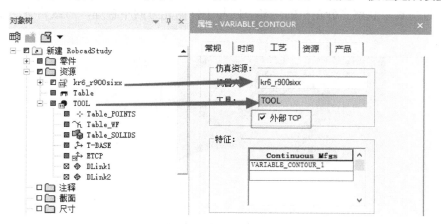

图 14-25　定义外部 TCP 工具参数

14.3.6　模拟仿真

1）在操作树中选择"VARIABLE_CONTOUR"程序，拖动到路径编辑器中，如图 14-26 所示。

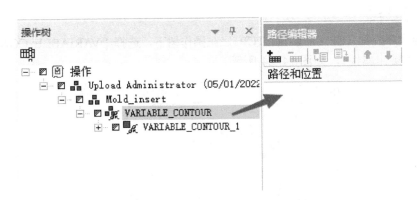

图 14-26 将 VARIABLE_CONTOUR 程序段拖至路径编辑器

2）播放"VARIABLE_CONTOUR"程序，查看运动，如图 14-27 所示。

图 14-27 播放模拟仿真

3）通过仿真，观察到砂轮机的转动方向与工件抛光方向不合理，需做调整，如图 14-28 所示。

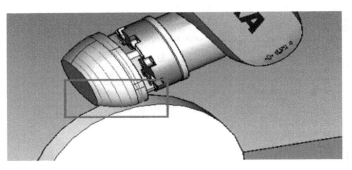

图 14-28 工件打磨姿态

14.3.7 优化程序路径

1）选择 VARIABLE_CONTOUR_1 程序，添加到路径编辑器中，如图 14-29 所示。

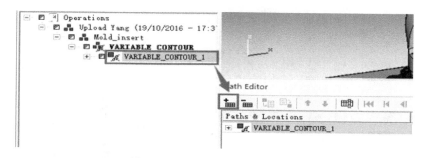

图 14-29 将 VARIABLE_CONTOUR_1 程序段拖至路径编辑器

2）调整抛光方位，选择"VARIABLE_CONTOUR_1"→"操作"→"位置操控器"，如图 14-30 所示。

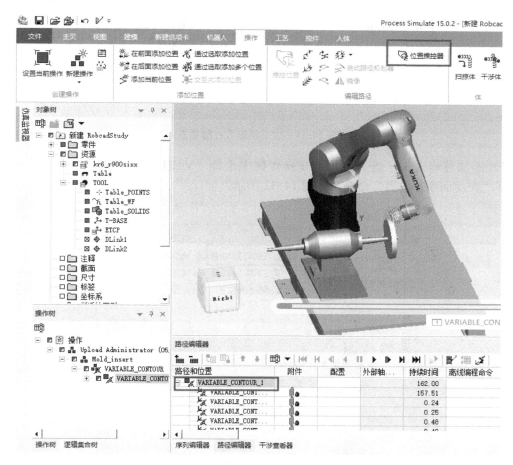

图 14-30 选择"位置操控器"

3）弹出"多个位置操控"对话框，选择"旋转"中的 Rz 作为旋转轴，向正方向转90°，如图 14-31 所示，完成后单击"关闭"按钮。

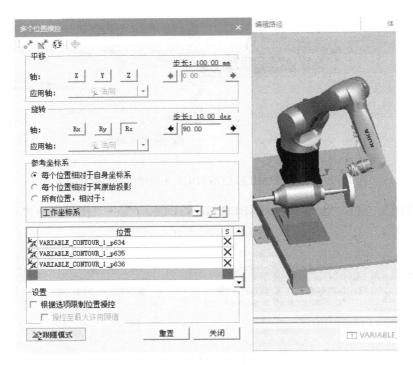

图 14-31　定义机器人打磨姿态

4）添加首程式——进刀位置，在操作树中选择"VARIABLE_CONTOUR_1"→"操作"→"在前面添加位置"命令，如图 14-32 所示。

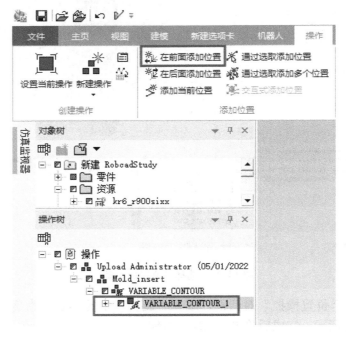

图 14-32　添加进刀位置

5）在弹出的"机器人调整"对话框中，在"操控"扩展栏的"平移"下选择 Z 轴向正方向移动 10mm，如图 14-33 所示。

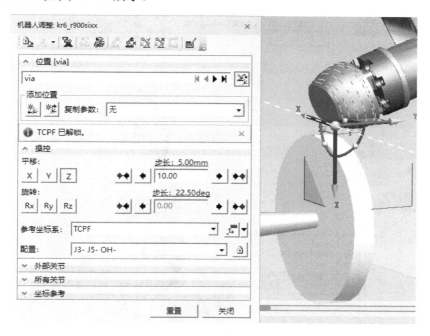

图 14-33　定义偏移参数

6）添加尾程式——退刀位置，选择"VARIABLE_CONTOUR_1"→"操作"→"在后面添加位置"命令。在弹出的"机器人调整"对话框中，在"平移"下选择 Z 轴向正方向移动 50mm，如图 14-34 所示。

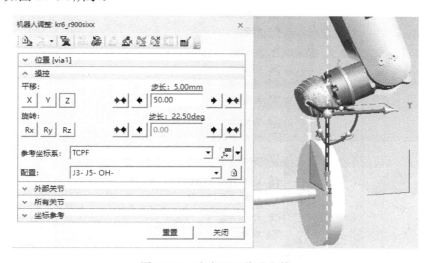

图 14-34　定义退刀偏移参数

7）设置机器人回初始位置，选择机器人，鼠标右键选择"初始位置"，然后选择"via1"程序→"操作"→"添加当前位置"命令，如图 14-35 所示。

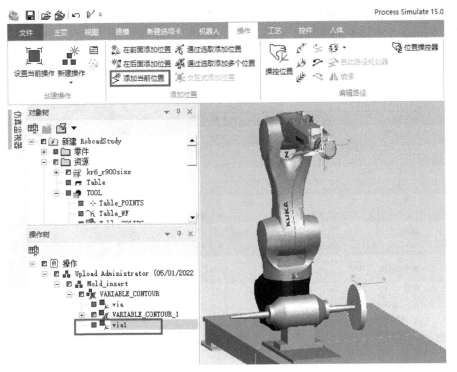

图 14-35　添加机器人初始位置

14.3.8　设置机器人控制器

1）选中机器人"kr6_r900sixx"，鼠标右键选择"控制器设置"，如图 14-36 所示。

图 14-36　选择"控制器设置"

2）在弹出的"控制器设置"对话框中，选择"控制器"为"Kuka-krc"，"控制器版本"为"V8.3"（需要先安装 Kuka 机器人的 OLP），如图 14-37 所示。

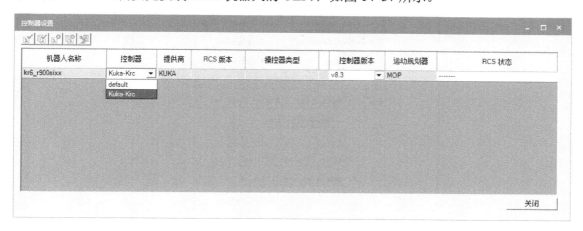

图 14-37　选择控制器类型和版本

3）机器人设置。选中机器人，然后选择"机器人"→"设置"→"机器人设置"命令，如图 14-38 所示。完成后弹出"设置"对话框，如图 14-39 所示。

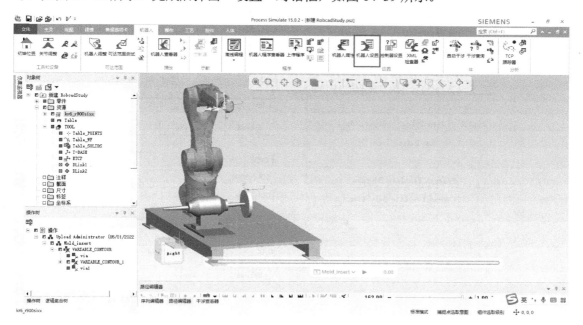

图 14-38　选择"机器人设置"

4）在"设置"对话框中，选择 Tool & Base，弹出"Base and Tool Setup"对话框，如图 14-40 所示。

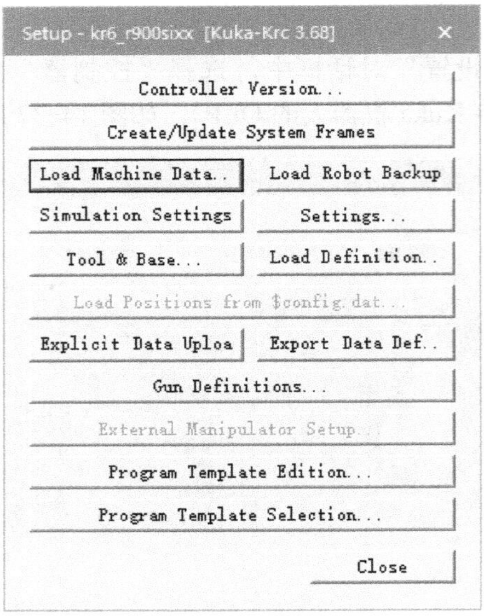

图 14-39 "机器人设置"对话框

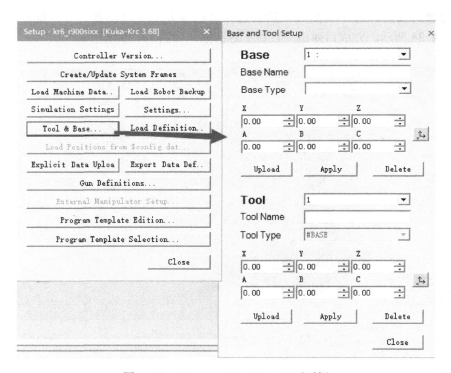

图 14-40 "Base and Tool Setup"对话框

5）在"Base and Tool Setup"对话框下，"Base Type"选择"#TCP"，单击 Base 下的坐标图标，在弹出的"Select Base Location"对话框中选择"T-BASE"→"OK"→"Apply"，单击"Close"按钮，如图 14-41 所示。

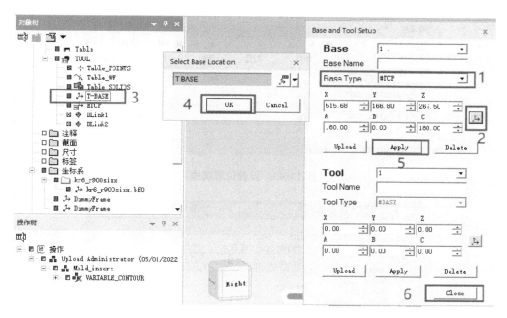

图 14-41　定义 Base & Tool 的坐标参数

6）单击"Close"按钮后，创建完成。在对象树下可以查看新建的坐标系，如图 14-42 所示。

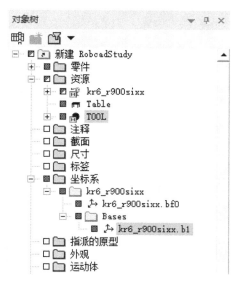

图 14-42　坐标创建结果

14.3.9　设置位置属性

1）选择 VARIABLE_CONTOUR_1 程序，添加到路径编辑器，再选择 VARIABLE_CONTOUR_1 程序，单击"设置位置属性"图标 ，如图 14-43 所示。

2）设置机器人程序运行参数如图 14-44a、b 所示。

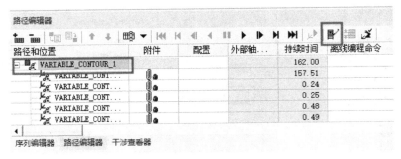

图 14-43　设置位置属性

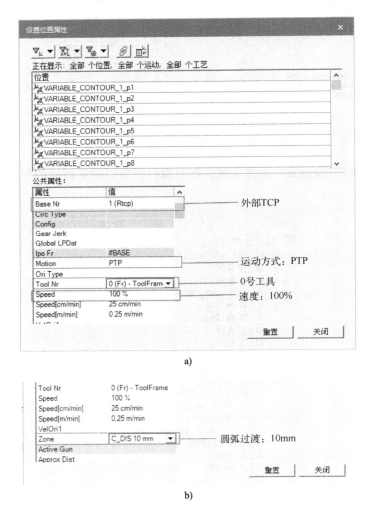

a)

b)

图 14-44　机器人程序运行参数

14.3.10　对机器人程序示教

1）在操作树中选中 VARIABLE_CONTOUR_1 程序，选择"机器人"→"设置"→"机器人配置"命令，如图 14-45 所示。

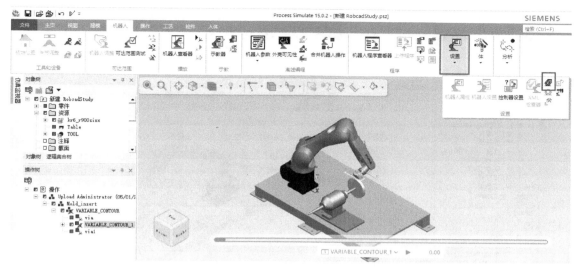

图 14-45　选择"机器人配置"

2）弹出"机器人配置"对话框，在"机器人的解"区域中选择"J3-J5+OH-"→"示教"，此时路径编辑器下的"配置"对应栏出现打勾符号，说明示教成功，单击"关闭"按钮，如图 14-46 所示。

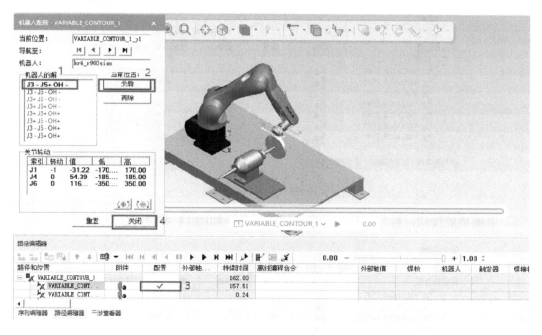

图 14-46　选择 J3-J5+OH-示教

3）设置机器人为自动示教，在菜单栏中选择"机器人"→"将机器人设为自动示教"命令，如图 14-47 所示。弹出"将机器人设为自动示教"对话框，选择机器人"kr6_r900sixx"，单击"确定"按钮，完成设置。

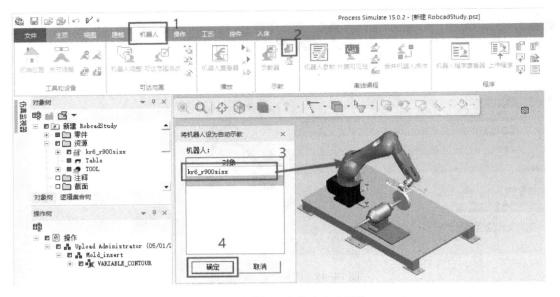

图 14-47　将机器人设为自动示教

4）在路径编辑器下，将自动示教开启，如图 14-48 所示。

路径和位置	附件	配置	外部轴...	持续时间	离线编程命令
VARIABLE_CONTOUR_1				162.00	
VARIABLE_CONT...		✓		157.51	
VARIABLE_CONT...				0.24	
VARIABLE_CONT...				0.25	
VARIABLE_CONT...				0.48	
VARIABLE_CONT...				0.49	
VARIABLE_CONT...				0.49	
VARIABLE_CONT...				0.49	

序列编辑器　路径编辑器　干涉查看器

图 14-48　开启自动示教

5）单击播放按钮，程序运行进行自动记录示教，如图 14-49 所示。

路径和位置	附件	配置	外部轴...	持续时间	离线编程命令
VARIABLE_CONT...		✓		0.10	
VARIABLE_CONT...		✓		0.26	
VARIABLE_CONT...		✓		0.23	
VARIABLE_CONT...		✓		0.24	
VARIABLE_CONT...		✓		0.24	
VARIABLE_CONT...		✓		0.24	
VARIABLE_CONT...		✓		0.25	
VARIABLE_CONT...		✓		0.25	

序列编辑器　路径编辑器　干涉查看器

图 14-49　播放程序模拟仿真

14.3.11 下载机器人程序

1）在操作树中选择"VARIABLE_CONTOUR"，鼠标右键选择"下载到机器人"命令，如图 14-50 所示。

图 14-50 选择"下载到机器人"

2）设置存放路径并保存，下载成功，如图 14-51 所示。

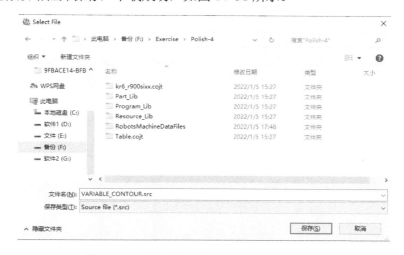

图 14-51 设置存放路径

3）播放完物体运动后（每播放完一次都要单击" ◄◄ "按钮回到物体初始状态），单击左上角" 🖫 "按钮保存项目。

视频 14-1 抛光

参 考 文 献

[1] 陈明，梁乃明，等. 智能制造之路：数字化工厂[M]. 北京：机械工业出版社，2016.

[2] 西门子（中国）有限公司. 西门子 Tecnomatix Process Simulate 软件用户帮助文档[Z]. 2020.